破防

所有成事的人，不过是向上生长

宋依阳 译
[日] 矢泽亚希子 著

天津出版传媒集团

天津人民出版社

图书在版编目（CIP）数据

破防：所有成事的人，不过是向上生长 / （日）矢泽亚希子著；宋依阳译. -- 天津：天津人民出版社，2022.6
ISBN 978-7-201-18386-2

Ⅰ．①破… Ⅱ．①矢… ②宋… Ⅲ．①女性－成功心理－通俗读物 Ⅳ．① B848.4-49

中国版本图书馆 CIP 数据核字（2022）第 070066 号

著作权合同登记表：图字 02-2022-053

破防：所有成事的人，不过是向上生长
POFANG：SUOYOU CHENGSHI DE REN，BUGUO SHI XIANGSHANG SHENGZHANG

出　　版　天津人民出版社
出 版 人　刘　庆
地　　址　天津市和平区西康路 35 号康岳大厦
邮政编码　300051
邮购电话　（022）23332469
电子邮箱　reader@tjrmcbs.com

责任编辑　王昊静
策划编辑　村　上　牛宏岩
封面设计　焱　玖

印　　刷　天宇万达印刷有限公司
经　　销　新华书店
开　　本　880 毫米×1230 毫米　　1/32
印　　张　6.5
字　　数　120 千字
版次印次　2022 年 6 月第 1 版　　2022 年 6 月第 1 次印刷
定　　价　42.00 元

一部凝结着成长力量的觉醒之书

"AKIKO(亚希子)——"

欢呼声响彻会场。

这是 2014 年 8 月,矢泽亚希子女士在摩纳哥参加比赛获胜的瞬间。

我当时在解说会场观战,只能通过显示器看到矢泽比赛的情形。比赛结束后,许多人上前向她表示祝贺,她满眼含泪,也为自己取得的成绩感到非常激动。

如果读过这本书应该就能理解,喜欢参与棋盘游戏及比赛的多为男性,矢泽一直属于群体中的少数。她在如此严峻的环境下取得了战绩,也杀出了血路。

在得知患癌后,她敢于直面病情、克服困难、积极向上的生存姿态也令人动容。

矢泽刚开始参加海外比赛时还藉藉无名,而今,她已成为代表世界的棋手，这是了不起的飞跃。

本作凝结了矢泽亚希子的人生观与胜负观。

希望各位读者在阅读后，能够了解世界冠军的思考模式和不断取胜的方法，对自己今后的人生有所助益。

——将棋棋士森内俊之

记得那是我刚刚获得十五子棋①世锦赛冠军的时候，我到访了美国比弗利山庄的一座奢华豪宅。比弗利山庄是超高级住宅区，许多好莱坞明星还有名人都住在那里，价值几十亿日元的豪宅比比皆是。

豪宅的主人是一位优雅的女性，据说年轻时曾出演过多部电影。我以为自己肯定是被叫来当她的教练，结果经介绍才知道，原来我的培训对象不是她，而是她的男友。他们在我面前谈到了有同样爱好的朋友：

"加里是什么时候去世的来着？"

"都几十年前的事啦。我俩差了快50岁呢。"

听着两人的对话，我了解到这个"加里"指的是加里·格兰特。当听说加里·格兰特是一位与奥黛丽·赫本共同主演过《谜中谜》、还主演过希区柯克执导的《西北偏北》的大明星之后，我也多少产生了一些兴趣。其实我那时候还不知道加里·格兰特是谁。

---

① 十五子棋：亦称"西洋双陆棋"，是一种在棋盘或桌子上走棋的游戏。靠掷两枚骰子决定走棋的步数，比赛的目的是要使自己的棋子先到达终点。此类棋戏从20世纪后期开始风靡于世。

那天带我去豪宅的是一位上了年纪的友人，他是棋盘游戏的专职教练，通俗点说，就是专教社会名流的教练。在这些人当中，有像汤姆·汉克斯这种连我都知道的名人。他们为下棋的魅力所倾倒，竞相招揽优秀的专家为自己指导。因为我也是世界冠军，所以在美国期间，友人频频向我抛出橄榄枝，我也就有机会经常给名流们授课。只不过我对娱乐圈不大了解，所以很多时候都是后来才得知自己的学生竟是著名演员。

　　我参与的棋盘比赛虽然非常小众，但同围棋、国际象棋一样，爱好者大多是男性。不仅在日本，在国外也是如此。女性即使能参加世界级比赛，排名前列的选手中也鲜有女性，甚至在很多比赛中只有我一位女选手。虽然现在大家都知道我得了世界冠军，但刚开始参加海外比赛时，东方人本身就不多，加之又是女性，所以有时会被误认为是参赛选手的陪同者。当发现我实际是选手后，很多男性又会围着我冷嘲热讽。

　　想要改变这种现状就只有不断取胜，让所有人都知道我作为棋手的实力。

　　积极参加世锦赛那类官方比赛自然是一方面，我在国外时还会跑到俱乐部去"踢馆"，与顶尖选手们切磋，亦或是在公园向发烧友们发起挑战。我把它们当成一种修行。

　　无关人种、性别，强者为王。

2020 年 2 月

矢泽亚希子

Contents

目 录

序章　被告知"只有一年可活"之后

突如其来的癌症……………………………………………… 002

站在人生的棋局中，我选择生存…………………………… 005

第一章　失控：当意外比明天先到来

第一节　面对死亡也能做出挑战…………………………… 011

第二节　跨越性别的鸿沟使我更强………………………… 015

第三节　被黑手党威胁的惊魂时刻………………………… 020

第四节　常胜者为何运气好………………………………… 025

第五节　将哭泣的时间用来努力…………………………… 029

第六节　抓住机遇与错失机遇的人差距在哪……………… 033

第七节　答案未必只有一个 ……………………… 037

第八节　关键时刻全力以赴 ……………………… 042

第九节　"完美主义"是变强的必要条件吗？ ………… 047

第十节　不到最后一刻决不放弃 ………………… 052

小节精句汇总 ………………………………… 055

第二章　成长：拥抱每一种可能性

第一节　高手多无棋风 …………………………… 059

第二节　从流浪汉变身顶级职业选手 …………… 063

第三节　小失误诱发对手大失误 ………………… 067

第四节　比赛中的"局势"只是臆想 ……………… 071

第五节　集中注意力，进入无我境界 …………… 075

第六节　看清决定胜负的"法则" ………………… 079

第七节　将"短板"看作上升空间 ………………… 083

第八节　一定能实现目标的方法 ………………… 087

第九节　超人般的运动员给予我鼓舞 …………… 091

第十节　胜者更需要复盘 ………………………… 095

第十一节　从失败中吸取教训 …………………… 099

第十二节　兼具"执着心与灵活性" ……………… 103

第十三节　"运气不好"是实力不足的借口 ………… 107

第十四节　"心理暗示"的窍门 ·············· 111

小节精句汇总 ······························· 115

第三章　实战：女王的棋局

第一节　挑战世界顶级选手首战告捷·········· 121

第二节　"0"和"1"天差地别 ················ 126

第三节　摒除思考的杂音···················· 130

第四节　消极思维是种自我保护 ············· 134

第五节　享受"紧张" ······················ 138

第六节　缺乏自信催人成长 ················· 143

第七节　"怀疑"会变成真正的学问 ·········· 147

第八节　绕远有时反倒是捷径················ 151

第九节　发现乐趣就能更专注················ 155

第十节　有"欲望"才有动力················ 159

第十一节　答案永远在对方那里·············· 163

小节精句汇总 ······························· 166

第四章　超越：我用努力创造奇迹

第一节　不墨守成规就会有新发现············ 171

第二节　不做无谓的努力…………………………… 175

第三节　维持动力的窍门…………………………… 178

第四节　三人行必有我师…………………………… 182

第五节　基于感性的判读基本是错的……………… 186

第六节　发现"获胜"以外的价值………………… 190

小节精句汇总 ……………………………………… 193

后记

運を加速させる背情

序　章

被告知『只有一年可活』之后

突如其来的癌症

31 岁那年，医生告知我罹患了一种名为"子宫内膜癌"的病。"如果不手术就只剩下一年时间"，这一事实突然呈现在了我面前。

其实早在四年前我就察觉到自己身体的异样。好几次经期出血量多到难以置信。自那之后，我饱尝重度贫血之苦。上学时我的经期出血量就很多，所以一开始也只当是单纯的月经不调。到后来，我的身体状况愈加恶化，发展到即便吃了止疼药也无法行走的地步。

我从大学时代开始下棋，之后很快便在日本国内取得了不错的成绩。但大学毕业后，我还是跟身边的同学一样面试、找工作，成为一名普通的公司职员，只把下棋当作兴趣爱好，就这样过着平时上班，周末下棋，偶尔参加比赛的日子。直到有一天，我在上班途中突然晕倒。我去了医院，可并没查出什么问题。因为实在担心，我还去看了妇科，甚至做了好几次年轻女性易患的宫颈癌检查，结果依然是未见异常。

医生说我突然晕倒，应该是生活不规律造成的。为了改善身体状况，我彻底戒掉了可能耗费精力的休闲娱乐项目，周末在家充分休息，注意饮食，尽量不给身体增加负荷。然而身体状况并没有因此好转，反而日益恶化，终于到了连日常上下班都觉得困难的地步。无奈之下，我辞去了工作。像这样，很长一段时间我都苦于不明原因的身体不适。其实，当时我就意识到自己可能患上了子宫内膜癌。医生告诉我："子宫内膜癌是激素型癌症，多发于闭经或因肥胖而导致荷尔蒙失调的人群，年轻且体型偏瘦的女性是不会得的"。可我还是不免担心，于是提出希望接受针对性检查的要求。

子宫内膜癌要用到"细胞学检查法"，用采样棒刮取子宫内膜细胞，再对其进行化验。如果没有精准刮到长有癌细胞的位置就检测不出，而我的癌细胞长在了子宫最深处，所以确诊时已是三年后了。那时病情已经发展到 3C 期，可以说相当严重了。"如果不做手术，可能活不过一年。"当听到医生这样告诉我，虽说是宣判患癌，但我也没有过度震惊。其实我已经有了某种程度的心理准备。因为自己有预想过癌症的可能，所以也能冷静地接受这一事实。甚至不妨说，长期以来被莫名的身体不适所折磨，现在终于弄清楚原因，可以开始治疗，反倒有种尘埃落定的感觉。

站在人生的棋局中，我选择生存

在 2012 年年末，我被告知患上子宫内膜癌，于是便转去了能够治疗癌症的大医院。在大医院重新接受精确检查后，直到来年 1 月中旬才确定了我的治疗方案——手术与抗癌药物相结合。手术时间在一个半月以后。医生在术前向我介绍了手术方法和治疗后身体可能出现的变化等。

手术必然伴有风险，更可怕的是还有可能出现很多令人难以接受的后果。具体像"摘除卵巢后会出现更年期症状""也可能需要安装人工肛门"等。

然而，比起这些，最让我无法承受的无疑是"摘除子宫"，这意味着我将无法生育。自儿时起，我就憧憬自己在将来某天结婚生子。对我来说，这是理所当然的未来，也是重大的人生计划。但正因为渴望与自己的丈夫和孩子一起历经岁月，所以一想到"因为我害得丈夫不能有孩子""我要是不在了，丈夫是不是就能再婚要小孩了？”"就算靠手术延长寿命，临死前也没有孩子或者其他人围在身边"等等，我便觉得即使手术成功，未来也是一片灰暗。

因病失业、不能生育，我还有活下去的必要吗？我甚至开始觉得活着毫无意义。

迄今为止，我一直做着自己喜欢的事，人生可以说没什么遗憾。当然，做手术也许能活下来，可即便如此，不能实现自己描绘的人生蓝图，找不到活着的价值，巨大的失落感还是将我包围。我甚至开始想，既然自己目前为止的人生还算快乐，那就不要手术，让这辈子在幸福中结束掉不也挺好。

可我最终还是选择了接受手术治疗，这要归功于丈夫的劝慰和一直伴我身边的"棋局思维"。在预测棋局、思考策略时，我通常会把棋局走向"分情况"考虑。如同分析棋局走向，我把做手术这件事也分成不同情况考虑了一下。如果说最坏的走向是"死亡"，那么具体应分为"不接受手术或药物治疗而死亡"以及"接受全部抗癌治疗后死亡"两种情况。哪种情况更糟呢？思考到最后，我得出了如下结论：虽然现在想死，但要是以后改变主意，选择了前者的我可能会觉得"如果当时接受手术也许还能活下来……"，然后为自

破防：
所有成事的人，不过是向上生长

己当初的坐以待毙后悔不已。

> "想死的话任何时候都可以，但是手术只有现在
>
> 能做。以后的事等做完手术再说也不迟不是吗？"

面对烦恼不已的我，丈夫如是说道。凭着下棋养成的"分析走向的习惯"以及丈夫的劝导，我做出了接受手术的决定。最后，我的子宫、卵巢、淋巴结被全部切除。我在接受抗癌药物治疗的同时，也开始找寻失去的自我价值。

丢了工作、无法生育。关于自己的价值所在，我在病床上一边盯着天花板上的污渍，一边想："如果眼下的自己毫无价值，那么从现在开始创造就好"。

这时首先浮现在我脑海中的便是下棋。为了留下自己活过的证据，也为了创造自我价值，我决心要在棋盘的世界中夺冠。

生病虽然是促使我迈出这一大步的契机，但一开始就聊这些话题，确实有些沉重，所以生病的事暂且说到这里。自下一章起，我将谈一谈"棋局思维"是怎么帮助我重新站起来，重新获得人生意义的。

第一章

失控：当意外比明天先到来

以轻松的心态开始是
持续挑战的秘诀。

第一节

面对死亡也能做出挑战

　　一想到生命有限，我就觉得要珍惜当下的每一天，凡事都体验一下，尽可能地去了解这个世界。当然，只体验一次算不上"了解"，但也比完全没经历过来得有收获。

　　就这样，世界变得开阔起来。于是你会注意到，乍一看毫不相关的两件事在某处其实有着微妙的关联，还有可能会给你带来意想不到的帮助。与深入研究某个特定领域一样，广而浅的认知也有其价值。话是这么说，可还是有人不愿挑战新事物吧。

　　其实我原来就是这类人，所以非常能理解。这类人一旦决定开始做什么都会全情投入，想着一定要有所收获。由于太过认真，在事前准备的过程中他们意识到这事似乎挺难的，体验的门槛变高，于是选择放弃，退回到自己的"舒适圈"。其实完全没必要想得多么复杂。像我，今年就初次体验了"元旦去百货商店买福袋"，这也可以算作挑战新事物。

发现自己患有子宫内膜癌并开始抗癌时，虽然连棋都下不了，可在病床上还是获得了不少新奇体验。比如癌症本身就是首次体验。服用抗癌药物是第一次，摘除子宫也是头一遭。当我用"第一次"的视角来凝视这些事，就不会因身患重病而自怨自艾了。抗癌药物的副作用使我全身毛发脱落时，丧失感在所难免，可一想到这是自己"第一次留光头"，就觉得有机会尝试各式假发也不错。

连面对死亡都能做出挑战，可以说挑战无处不在，就看你怎么想。每一次经历也许都微不足道，也派不上任何用场，可总有厚积薄发的一天。这些才是我们活过的证据，也是人生的财富。

打破固有观念是前行的动力，

只有拿出成绩，

才能证明自己！

第二节

跨越性别的鸿沟使我更强

破防：
所有成事的人，不过是向上生长

　　2014 年 8 月，我第一次在世界锦标赛中夺冠。这是日本女性首次成为世界冠军，同时包括男性在内，也是日本人第三次赢得冠军。四年后，我再次夺冠。女性获得两次世锦赛冠军是世界首次，在此之前，也没有日本人两度夺冠的先例。

　　算上其他各类赛绩，林林总总加起来我共在国外夺冠 20 次以上，在国内也曾 9 次夺冠，可我至今仍会被误认为是"女子组"冠军。相当一部分人固执地认为所有比赛都是分设男子组和女子组。其中一些人主观认定女性无法在男女共同参加的比赛中获胜，对此我深表遗憾。

　　踏入竞技比赛的世界后，我因身为女性所受的委屈数不胜数。

　　首先，只要是女性就不会被认定为棋手，在报名比赛的队伍里也会被身后的人不断越过。好不容易报上名，却又被赤裸裸的好奇目光所审视，还要接受咒骂与嘲笑的"待遇"。在某地，当发现我是参赛选手后，50多名男性将我团团围住，对我吹口哨、冷嘲热讽。更过分的事发生在参加双人赛的时候。双人赛，就是两人一组出场的比赛。多数小组都是两名男性，而我的小组是一男一女。于是，我就被误认成是我搭档的妻子或恋人。不被称呼姓名，而是"XX夫人"。当我否定后，又会被认定是他的恋人。

我在一个没有兄弟的家庭环境中长大，从小就不太有自己是"女人"的概念。所以刚开始下棋时完全不理解为何周围会有那么多反对的声音。我意识到，就算高声抗议"这是歧视女性"，情况也不会有任何改变。因为在现阶段，业内没有厉害的女性棋手是不争的事实。

虽然现在没有厉害的女棋手，但并不意味着今后也不会出现，这是不言自明的。同样的道理，女棋手比男棋手能力差这一观点在逻辑上也过于跳跃，难以服众。但事实上厉害的女棋手确实不存在，所以再怎么据理力争也改变不了那些人的想法。就算跟他们抗议说什么歧视女性、受到精神伤害，他们也只会觉得你絮絮叨叨惹人烦。

若是赢了一两次，则会被归结为"运气好而已"。只要是下棋的人就应该知道，只是"运气好"是没办法持续获胜的，可我依旧被一句"她运气超好"草草打发。

破防：
所有成事的人，不过是向上生长

　　为了改变现状，我一心求胜。为了改变认为女人下棋肯定不如男人的想法，只有把"女人也能赢"这一事实摆在他们面前，让他们心悦诚服才有意义。所以，我能做的就是不断胜利，向全世界展示这一压倒性的事实。只有留下谁都无法忽视的战绩，才能真正跨越性别的鸿沟。

　　而后，我成了两届世界冠军，周遭的环境终于有所改变。虽然现在女棋手仍然稀缺，不过今后一定会有其他优秀的女棋手出现，我也期待无论男女获胜都变得常见的时代早日来临。

认清危险的本质，

在拼尽全力的状态下，

保全自己。

第三节

被黑手党威胁的惊魂时刻

在公园、路边都能轻松加入对弈的棋局，到所谓的上流人士社交场的比赛，下棋原本就是不同国籍、不同性别的人可以安然共享的娱乐项目。

但每当我到海外参加比赛时，平日里容易被忽略的两件事就会跳出来，反复敲打着我：一是身为女性，二是身为有色人种。

前面已经谈过了社会对于女选手的打压力度，其实我在海外还亲历过人们对非洲和亚洲人的偏见。因为有色人种兼女性的身份，我受到过至今不愿再度回忆的屈辱对待。说法有点骇人，但我曾受过几乎非人的对待。为了证明这种蛮横无理的歧视只不过是单纯的偏见，我的斗志被点燃。我决心拼命取胜，以确立自己的地位。

有些时候，除了与偏见斗争之外，还必须注意治安问题。世界棋牌大赛通常在治安较好的地方举办，会场也基本设在注重安保的地区。但仍需注意小偷，还要尽量避免夜间出行。另外还有一点，切记不能过于相信当地的饮食。生水我自然不喝，饮料也只喝未开盖的。这是因为赛前选手饮品中被加入泻药的事件曾多次出现。而我经历的事情手段更为恶劣，甚至几近影响到比赛的公平性。

那是参加在某地举办的国际比赛时发生的事。时间距离我初次获得世界冠军没过多久，两个看起来很富有的当地男棋手邀请我吃饭，理由是"想要款待世界冠军"。

接受款待这种事在各处都很常见，可说不上为什么，这次我总觉得哪里不对。于是我请我的俄罗斯棋手朋友（一位身高近 2 米的男性）当口译兼保镖陪我一同前往。坐上被安排的车后，不出所料，本应驶向街区餐厅的车眼看着开进了森林，最后我们被带到了一个状似水泥塔的建筑里。我还记得，不知什么缘故，那座塔没有窗户，正中央有一个圆形中庭，是座阴森可怖的建筑。我们走进了一个电影拷问场景中会出现的脏乱房间，房间里弥漫着化不开的冰冷气息，仿佛真的有人在这里被拷问过好多次。

移步餐桌后，当地的料理被接连不断地端上来，那两个男人一直保持着和善的笑容，说着诸如"有没有在当地旅行""打算买点什么特产"这种无关痛痒的话。站在房间一角的保镖们面无表情，从貌似是盛灯油用的塑料容器中倒出的红酒如血液般殷红，令我印象颇深。

　　到最后，他们并未显露任何直接的威胁性言行，但在这个居民人均月收入 400 美金的地方，赢得比赛能得到的几万美元奖金算得上是一笔巨款了。他们向我暗示用意，足以让我感受到无形的压力。说白了，就是在跟我说"你要是赢了会怎么样，明白吧？"。他们恐怕就是被称为黑手党的人吧。但我依然抱着获胜的决心参加了第二天的比赛。如果我没有屈服于这无形的压力，赢得了比赛，顶多就是被抢走奖金。对于他们来说，杀死世界冠军，而且还是外国女性，毕竟是一种高风险行为，我料定他们不至于走到那一步。

　　顺带一提，那场比赛我输了。虽然尽了全力，可骰子宛如被谁操控一般，在关键时刻总会出现对对手而言的最佳点数，我被逼入困境，无力反击。

　　当地一位棋手在赛后偷偷告诉我："那个二人组把骰子调包了。不过为了生命安全，希望你不要跟任何人透露是我告诉你的。"遗憾的是，比赛已经结束，无法扣押证物。因此我也学到了以后只去相对安全的地方参赛，也就无须为这种事情操心了。

预想未来可能会发生的情况，
提升自己成功的可能性。

第四节

常胜者为何运气好

破防：

所有成事的人，不过是向上生长

　　如前文所述，因为我在国际比赛上取得过一些成绩，所以常常会收到教学或对弈的邀请，也经常在竞技团体、地方政府主办的活动上与棋士们下棋，这其中遇到过不少实力强劲的棋手，很难想象他们大多数人只是业余爱好者。

　　不过我偶尔也会听到初学者抱怨，说棋局中有很多不可控的因素，那些"高手"之所以屡战屡胜全都仰仗于"好运气"。

　　自然，棋局中确实会出现连职业棋手也无法决定的因素，所以从某种程度上来说，玩家需具备估测棋局走向的预知能力。不过要将如此繁多的可能全部预估出来是不可能的。但是高手仿佛能看穿接下来的局势，行棋，然后胜利。也就是说，高手似乎真的可以让"好运"站在自己这边。为什么会这样呢？他们到底做了什么呢？我也有过这种经历。

　　的确，运气好的时候，棋局会有如神助一般赐给我想要的结果。当然，不可能次次如此。不管是职业棋手还是初学者，在概率的世界里人人平等。可当双方对弈时，职业棋手却每次都能获胜，宛如受到幸运之神的眷顾一般。

这是因为，不管对手有怎样的奇招，职业棋手都想好了万全之策。高手们会将自己的棋子布好，不论接下来出现什么情况，他们都能应对自如。他们走的每步棋都是为了自己在接下来的对弈中更加有利。与之相反，实力越弱，就越容易作茧自缚。他们疲于应对眼下的局面，早已无暇顾及后面的走势了。

当期望的事情发生时，我们会觉得很"幸运"。如果想让期待之事发生，就要尽力创造出符合自己期望的有利条件。

为此，我们需要预估今后也许会遇到的各种情况，尽最大可能使自己处于有利地位。只要做好充足准备，那么哀叹"我可真倒霉"的次数就会减少。总而言之，不要使自己变得被动。

让好运眷顾自己的第一步，就是不论情况如何变换，都要让其为我所用。

查明坏事发生的原因，

并不断修正以解决问题。

第五节

将哭泣的时间用来努力

破防：
所有成事的人，不过是向上生长

刚刚确诊子宫内膜癌时，面对与死亡直接相关的疾病，我曾流下了恐惧的泪水。能从这种状态中脱离出来是因为我意识到，自怨自艾也好，接受治疗、下棋或者做其他事情也罢，时间都是同样流逝的。

正因有如此经历，我在接受采访时才经常会提到"将哭泣的时间用来努力"这句话。哭泣也无法改变现状，有那个时间不如用来努力，这样病情就会好转，棋会下得更好，事态或许会朝着自己所期望的方向发展。

触发我这种想法的，是因为年幼时姐姐的一句话。记得那是刚上小学的时候，我解不开算数作业题，心想为什么偏做不可，觉得一切都是那么麻烦，最后忍不住哭了起来。

姐姐在这时过来询问，我向她说明原委后，姐姐说道："那我来教你吧。""哭也解不开题，但是和姐姐一起做的话就能解开喽。"

之后每当有什么事我总会想起这句话，大概是孩童时期的我觉得很有道理吧。自那以后，先不说流不流眼泪，若是事态变得不似预期，我也时刻保持冷静，并告诫自己不能停止思考。

如果连续发生不如意的事，有人便会觉得"形势不好""走霉运"。这难道不正是一种放弃思考的状态吗？把事情归咎于形势、运气这种不确定的因素，不去查明真正的原因，这跟那个曾经解不开算术题，只知道哭泣的我又有什么两样。

如果坏事发生的原因在自己身上，首先该做的就是去修正它。越是不称心的时候，越要以客观的视角审视自我。一旦忘记这一点，错误不断叠加，事态就会愈加失控。就算哭也解决不了问题。

永远尽力做好准备，

随时迎接胜利的来临。

第六节

抓住机遇与错失机遇的人差距在哪

破防：

所有成事的人，不过是向上生长

　　"幸运女神只有刘海"①，这话还挺有说服力的。

　　诚然，当女神从眼前路过时才想起去追则为时已晚。要想成为能抓住好运的人，必须在与女神相遇的瞬间立刻伸手抓住她的刘海。有人说抓住机遇的人与错失机遇的人，其差距就在于当机会到来时，是否具备能够察觉机会的"敏感度"与机敏的"行动力"。我深以为然。但如果是我的话，还会再加上一条："做好准备"。

　　棋局里有一种"撤退策略"。因为是率先抵达终点的一方获得胜利，所以距离终点越近自然越有利。到终点的距离远大于对方时，不冒进，而是在敌阵安静等待对方棋子回到起点的机会，这就是撤退策略。对于离终点较远的一方，撤退策略是反败为胜的唯一机会。这时要记住，一味地等待是不

---

① 译者注：幸运女神只有刘海，意为机会稍纵即逝。

会反败为胜的。为了机会来临时能够获胜，要一边在己方布下最强的阵，一边为胜利做准备。

在日常生活里也是一样。比如寻求爱情邂逅的年轻人准备在一年内积极进行"婚活"[①]。如果每个人一年内都有三天运气最好，那么这 3 天就不应该闭门不出、谁也不见。首先最重要的就是走出家门。另外，每次出门时一定要注重衣着打扮。为了任何时候都能迎接美丽的的邂逅，应尽我所能做好准备。

然而那三天何时到来，谁也无从得知。很多人在剩下的三百六十二天里徒劳无获，每天过着希望落空的日子，到后来，期待好运降临开始变得可笑，于是自暴自弃地将机会放走。

可也有人不肯放弃。即使徒劳的日子已经持续了数十天，也依然坚信好运一定会到来，每天出门都打扮得漂漂亮亮。不清楚自己会不会有好的邂逅，只是做着准备，等待那个瞬间。努力未必有回报，但不努力就一定不会有所得。能抓住机会的，正是这样的人。

---

① 婚活：是结婚活动的缩略语，即为了结婚为最终目的而进行的种种活动。见于日本社会学家山田昌弘与少子评论家白河桃子联袂推出的《"婚活"时代》一书。

正确答案会根据

各种各样的条件不同

而产生变化。

第七节

答案未必只有一个

破防：

所有成事的人，不过是向上生长

　　下棋年头久了，深感下棋的游戏性质与我们的人生有诸多共通之处。首先，有些事并非是自己能控制的。我们无法得知未来的人生会发生什么。可是不管发生什么事情，应对方法是由我们自己决定的。下棋也一样，虽然不能预测对手下一步会怎样行棋，但是如何灵活应对完全看自己。

　　即使对决招数不理想，可还能通过选择最优走法将劣势降到最低，留下获胜的可能。要是选错了走法，局势将愈加不利。也就是说，运气带来的影响自己无法控制，但影响是大是小就看自己的本事了。

　　面向未来，只要走对了关键一步，好运就会来到你身边。正是下棋使我领悟到这一点。还有其他几个与之类似的领悟，其中一个是"答案未必只有一个"。察觉到这点于我来说可是件大事。

　　在大多数情况下，棋局走法的最优选项只有一种。是否能从众多选项中选择出正确答案关系到胜负。不过在极少数情况下，棋局拥有不止一种正确答案。走 A 或者 B，胜率完全相同，选择哪种走法就看棋手的个人偏好了。下棋的世界尚且如此，人生更不可能只有一种正确答案。这样一来，对于人生的"正确答案"就可以做出如下理解。

譬如在日本，与初识者或尊长交谈时，一般都不轻易抒发己见。这样可以使现场气氛更融洽，交流也更顺畅。有人是被告知要这样做的，有人则是自己从经验中总结出来的。不管怎样，这么做总归是比较保险。

然而在国外，这种做法有时却未必正确。特别是在欧美和中东国家，若是语言不通还不表达自我，会被认为是不知道在想什么的危险分子。这并不是说日本和其他国家谁对谁错，只是说正确与否因情况而异。

再说一个我上学时的例子。在家庭餐厅打工时，店长曾指导我应该在什么时候倒垃圾。店长说，垃圾应该在垃圾箱装满以后再倒。这样一来，不但可以减少垃圾袋的使用，还不用频繁倾倒，节省时间。

这在餐厅行得通，可在家就不合理了。垃圾箱都满了还不清理，这是很不卫生的，不能想扔就扔也会造成压力。餐厅与家，双方眼中的正确答案不尽相同。

不只是环境，从时间上来看，昨天看上去正确的事今天不见得就正确。人也是，对 A 来说是正确答案，到了 B 这里也许就是错误答案。正确答案会根据环境、时间等各种各样的条件不同而产生变化。

永远拼尽全力

并不一定是好事。

第八节

关键时刻全力以赴

每年在甲子园球场[①]举办的高中棒球大赛在平时对棒球不感兴趣的人眼中也同样充满魅力，不少人都十分关心本地参赛学校的比赛结果。明明水准远不及职业棒球队，可为何高中生的比赛如此牵动人心？

大概是被他们全力以赴的身影打动了吧。另外，也与夏季甲子园选在一年中最酷热难耐的时期举办不无关系。

然而不是每次比赛都必须拼尽全力，有时也得故意放点水。十五子棋世锦赛每年在盛夏时节的摩纳哥以淘汰赛的形式举办十天。虽然运动量不大，可想在淘汰赛中不断取胜还是需要相当的体力。从首场比赛开始，每场比赛都要抢先拿下 17 分，否则就无法胜出。这种持久战每次要比上 4 个小

---

① 译者注：甲子园球场，是位于日本兵库县西宫市甲子园町的著名棒球场，是日本每年举办全国高中棒球联赛时的指定球场，"甲子园"三个字几乎已成为日本高中棒球的代名词。

时，每天两次。比赛时，虽然可以一直坐在椅子上，除了上半身以外几乎不用动，可世锦赛结束后我还是因为大脑消耗了大量能量，瘦了大概 2 公斤。

想在这种环境下赢到最后，很重要的一点就是要"合理地放水"。放水，听起来好像不认真，但肯定不是敷衍的意思。简单说，就是为了保持最佳状态，不浪费体能，合理地分配好精力。

在比赛中，率先取得预设分数的一方获胜。许多比赛都会把分数设为 11 分，这种比赛，无论是以 11 比 0 还是 11 比 10 取胜，结果都是一样的。这种时候，想以 11 比 0 赢得全部比赛的野心对于最终夺冠来说没太大意义。表演赛必须在一次比赛中彰显全部实力，这属于特例。除此以外，为下一场比赛保存体力和精力，这样细水长流的取胜之道才值得提倡。

为此需要具备的是，准确评估对手的实力以及掌控临场发挥的能力。如果做不到以上两点，恐怕就很难在淘汰赛中持续获胜，更谈不上夺冠了。

对待任何比赛都全力以赴是一种理想状态，但是人类不同于电脑，体力和精力都是有限的。既然有限，那么能够合理分配能量也是选手专业性的一种表现，为此适当地放水从战略上来说就理所当然了。

明明自己一直尽心竭力，可总是没有回报。为此烦恼的各位，请试着放松一下吧。如果是 100 米赛跑，自始至终全力奔跑倒也无妨，但如果是马拉松，则会因为疲惫不堪，最后连终点都无法抵达。搞清楚自己面对的是什么，为在关键时刻使出全力做准备，这样更有可能获得理想的结果。

放弃全力主义，

不要一味追求完美主义，

选择渐进主义。

第九节

"完美主义"
是变强的必要条件吗?

破防：
所有成事的人，不过是向上生长

前文说过，为赢得比赛，有时需要"放水"。如果秉持完美主义，那么每场比赛都需要全力应对。而棋牌比赛经常在一天之内进行两场持久战，从战略上讲，每场比赛都铆足劲的话容易造成不好的影响，所以有时需控制发力。

过去的我就有点追求完美主义，容易从一开始就抱着拿100分的想法做事。如果没能拿到100分，那么90分和0分对我来说都是一样的，这也许是完美主义不好的一面。

我的想法非常极端，我眼中的世界是非黑即白的，除了"能"就是"不能"，除了"有"就是"没有"。今天如果只得了60分，明天能考61分也可以，只要进步就好。这种渐进主义思想我也能够接受，但是这所有的一切都是建立在最终有望拿到100分的前提下的。

当然，把一件事做到极致的人个性不一，其中不乏秉持着完美主义并不断取得胜利的人。但贯彻完美主义会让我觉得力不从心，因此时至今日，我仍然没弄明白，促使自己成长的最行之有效的目标应该如何设定。

归根到底，我明白自己其实需要学会妥协。我努力说服自己不要一味地追求完美，在适当的地方做出让步。可本性难移，一不留神，努力抑制的完美主义就会出现。

每当这时，我便会回忆起小学那阵儿沉迷游泳的事。姐姐当时报了游泳班，受其影响，我也从 3 岁起就开始学习游泳。真正开始练习后，身体在浮力的作用下感觉甚是奇妙，光线与声音在水中发生扭曲，这种异乎寻常的感觉极其有趣，于是我在游泳方面变得十分积极。

后来，我站上了关东大赛个人混合泳的领奖台，之后又被选拔参加培养奥运选手的培训课程，开始接受正规训练。随着练习的深入，我的速度越来越快，周围人的期待也让我兴奋。

在游泳比赛中，速度就是王道。追求速度是对自我的挑战，为了刷新个人纪录，哪怕提高 0.1 秒也好，我悉心钻研着什么姿势在水中受到的阻力较小。

可是如果每次都抱着刷新个人纪录的想法去参赛，终究是无法赢得比赛的。因为预赛通过后，想要从四分之一决赛、半决赛一路过关斩将，就要把决赛也纳入考量，避免过度消耗体力。

破防：
所有成事的人，不过是向上生长

　　若想刷新个人纪录，完美主义也许是好事。可仅仅如此是无法获得最终胜利的。学习游泳让我明白，如果只想刷新纪录，那么的确应该追求最佳表现，但要想获得最终胜利，就要放弃追求"最佳"，做到"尚好"即可。领悟到比赛的这种微妙之处对我在成为棋手后也大有裨益。

　　顺带一提，因为搬家的缘故，后来我便没再上游泳课了，游泳选手生涯也随之告终。我有时会想，如果当时没放弃游泳……可能也不会走上下棋这条路，更不能成为十五子棋的世界冠军。

越是身处逆境，
比赛方法越重要。

第十节

不到最后一刻决不放弃

一位经营者说过这样的话：当因判断失误让自己债台高筑，或者公司业绩不佳面临破产危机，我的身心会承受巨大压力、不堪重负，可同时又觉得自己大显身手的时候来临了。

如果说人生是一个故事，那么危机就是高潮情节，因为日后回顾起来最令人难忘。这样一想，就能越挫越勇了。

在电影和小说的世界里，主人公时常面临穷途末路的危机。他们一定会被迫身处逆境，然后全力以赴，想方设法摆脱危机。观众和读者会为主人公拼尽全力，与命运抗衡，最终成功逆袭的经历感动不已，有时还会流下热泪。

当然，与电影、小说不同，现实的人生中未必能够战胜穷途末路的危机，也不一定迎来皆大欢喜的结局。话虽如此，可要是把自己看作故事的主人公，就能较为客观地审视自己的人生了。身处逆境还能觉得"有危机才精彩"，着实有趣。

在比赛中，处于劣势时如何应战十分重要，甚至可以说在这种时候才能体现出一名棋手的真正实力。无论被逼入何种绝境，直到比赛最后一刻都能保持精神高度集中绝非易事。不管处于优势还是劣势，我都能不动声色，做到不在表情、举止上流露出焦躁或愤怒。虽然被对手围追堵截，内心早已翻江倒海，可这份局促要是被察觉，很可能会让对手更加从容。有的时候，当你表现得泰然自若，对手反而会怀疑是自己对棋局解读有误，随之感到焦虑，最后自取灭亡。另外还要记住一点，哪怕胜率只剩 1%，不到最后一刻也绝不能放弃。

棋局经常风云变幻，事实上，我本人也有好几次在胜率 1% 的情况下反败为胜。同理，即使处于优势，不到最后一刻也不能掉以轻心。除非败局明显已定，否则只要你还在思考破局的思路，选择最佳走法，就还有反败为胜的希望。不论面对多么不利的棋局，中途放弃就意味着眼睁睁地放弃胜利的希望。

绝地反击只发生在那些不到最后一刻绝不放弃的人身上。

小节精句汇总

01

每一次经历也许都微不足道，也派不上任何用场，可总有厚积薄发的一天。

02

只有留下谁都无法忽视的战绩，才能真正跨越性别的鸿沟。

03

为了证明这种蛮横无理的歧视只不过是单纯的偏见，我的斗志被点燃。我决心拼命取胜，以确立自己的地位。

04

当期望的事情发生时，我们会觉得很"幸运"。如果想让期待之事发生，就要尽力创造出符合自己期望的有利条件。

05

若是事态变得不似预期，我也时刻保持冷静，并告诫自己不能停止思考。

06

想成为能抓住好运的人，必须在与女神相遇的瞬间立刻伸手抓住她的刘海。

07

即使对决招数不理想，可还能通过选择最优走法将劣势降到最低，留下获胜的可能。

08

搞清楚自己面对的是什么，为在关键时刻使出全力做准备，这样更有可能获得理想的结果。

09

要想获得最终胜利，就要放弃追求"最佳"，做到"尚好"即可。

10

哪怕胜率只剩 1%，不到最后一刻也绝不能放弃。

第二章

成长：拥抱每一种可能性

强即是弱，

营造风格会出现破绽。

第一节

高手多无棋风

破防：
所有成事的人，不过是向上生长

　　我成为世界冠军后，接受国内外报章杂志采访的机会也多了起来。当中不乏一些令人挠头的问题，"你的棋风如何？""作为棋手有什么特点？"就是其中一类。至于为什么说这些问题令人挠头，那是因为越是高手，就越不拘于所谓的"风格"——也就是大家通常所说的"棋风"。

　　譬如，当进攻型走法 A 和防守型走法 B 皆可选择，并且可以确定两种走法对胜率具有同等影响时，我通常会选 A。这个确实可以称得上是棋风，但是在职业棋手的世界，必须做出类似选择的情况顶多占一成。高手们在九成情况下都会选择同种走法。这大概是由于棋局概率要素极强，只要在某种程度上加以计算就能得出结果。

　　那么，在职业棋手的世界里，到底是在哪里分出胜败的呢？撇开单纯的实力差距，职业棋手在九成情况下都会以相同方式行棋。这样一来，凭棋风做出的只占一成的选择便会让局面产生差距。也就是说，成也棋风，败也棋风。这一点在我们思考何为高手的同时，也得到了深刻启发。

双方在完全相同的条件下对弈时，若能展现出所谓的棋风（特点），就意味着这盘棋哪里不太对劲儿。因为只有打破常态，才能创造出所谓的棋风。比如，棒球的防守方通常有固定位置，但是为了对付个别厉害的击球手，他们有时会摆出不同以往的极端防守阵型，这就是所谓的风格。将棋中也有"防守""进攻"的说法，也可将之理解为一种风格的呈现。总之，形成风格这件事说明，当优势产生时，劣势也会随之出现。

因此，越是高手就越不会拘泥于风格。正因为无论怎样的风格都能应对自如，才能根据不同情况尽量减少自己的破绽，同时攻其不备。

据说，将棋最强的阵型是对局初始，一手未下时的布阵，而柔道与剑道最危险的是准备做出攻击动作的一瞬间。胜因与败因正是这种互为表里的关系。

强即是弱。这种说法虽然有点装腔作势，但胜负的秘诀也许就在于此。

自由的思维

创造独一无二的个性。

第二节

从流浪汉变身顶级职业选手

破防：

所有成事的人，不过是向上生长

前文说过，越是厉害的选手，其棋风越没有特色，可是人格与脾性又是另外一回事了。很多选手在棋风以外的方面都有着极强的个性。

我有一位关系很好的朋友名叫马特维·纳坦永（昵称"炸豆丸子"），他也是一名实力超群的棋手，然而很少有人知道，曾经的他是一名流浪汉。他出生在以色列，大概在读高中时，和家人一起移居到了纽约。可能是那时的生活基础不牢固吧，他曾在纽约市的公园里生活了一阵子。他在这样的生活环境中意外磨炼出了下棋的技巧，最终摆脱了贫困。

"街头棋局"是街上的任何人都能随意参与的游戏，大多数时候只是爱好者之间的对弈，不过偶尔也可能涉及金钱。炸豆丸子努力学习下棋，然后向街头棋手们发出挑战。如果赢了，就能获得收益。说是收益，其实也没有多少钱，但对于当时的他来说却是重要的经济来源。可以说，他将经济利益化作动力，完成了从流浪汉到顶级职业棋手的华丽变身。

还有曾是世界冠军的棋手弗兰克·弗瑞格，用下棋的思维方式制定了美式橄榄球的战术系统，被许多球队采纳。与其说他是一名棋手，不如说他还兼具数学家和风险企业经营者的特质。

许多棋手的经历、地位、人格各异，诸如我们普通人无法想象的巨富、职业不详但能与国家元首成为好友的人，还有演员、电影导演等好莱坞人士。同这些棋手聊天后我发现，他们大多数是无拘无束的人。他们的脑海中很少有"应该怎样"或者"必须怎样"的想法，几乎没人被先入之见或者特定观念束缚。

也许正是这种无拘无束形成了他们独特的个性，从而使他们下棋的思维更加活跃。这可能是顶级棋手多"怪人"的理由之一吧。

找寻超越电脑的答案，

达到大比分领先的效果。

第三节

小失误诱发对手大失误

让我们继续思考一下何谓高手。

基本上，我追求的是"没有特定风格的棋风"。电脑那样机械的比赛方式称得上是我理想的棋风了。只不过，当对手是人类时，电脑式的下棋风格不见得就是最佳答案。这说明电脑下棋技术还有提升空间，也说明人类这方面还是优于电脑。因为电脑追求的正确走法只有在对手和自己都不失误的前提下方能成立。

在真正的对决中，棋手有时会刻意制造小失误，旨在误导对手出现更大的失误。明知电脑的正确走法是 A，却偏要走 B，以此诱发对手失误。我们假设这时走 A 对己方棋局的影响为 +10 分，走 B 为 −10 分。对方面对 A 可能出现 10 分的失误，面对 B 可能会出现 50 分的失误，此时己方与对方的分差就会变成以下情况：

· 走 A······10 分 +10 分 =20 分

· 走 B······−10 分 +50 分 =40 分

也就是说，放弃电脑推导出的"正确"走法，故意去走看似"错误"的那一步，反而能达到大比分领先棋局的效果。

不过这也只是理论上的判断。最大的风险点是为了诱发对手失误而选择 B，可谁都无法保证对手就一定会上钩。走 A 的话虽然得分不多，倒也不必以身犯险，是更合乎常规的判断。

我之所以能成为世界冠军，可能就是因为明知山有虎，偏向虎山行吧。胜因与败因互为表里的关系就是指这点。之所以敢涉足险峰，是因为我在赛前对对手进行过一定的研究。经过事先研究，对手下过的棋谱已了然于心，因此能预测出对手在什么样的局面中容易犯何种错误。在这种情况下，对手的棋风特点越明确，我预测的准确度自然越高。

顺带一提，刚参加世界大赛时，我就是这样，逐个验证对手的棋风并思考对策。随着经验的累积，我注意到所有棋风都能归纳为几种类型。省却研究棋谱的时间和精力，我就有余力研究其他事了。

即使坏事不断

也非局势所致。

第四节

比赛中的"局势"只是臆想

破防：
所有成事的人，不过是向上生长

　　在电视上看棒球或者足球比赛时，经常能听到"局势"这个词。比如谁的失误导致比赛局势发生改变、中途上场的选手大显身手，将比赛局势拉了回来等等。我们有时确实能感觉到比赛形势出现转折的瞬间，类似一直处于劣势的队伍情况突然逆转，或是眼看就要获胜的队伍连续出现难以置信的失误。

　　事实上，真有比赛"局势"这回事吗？胜利的女神真的会把好运从一方转到另一方吗？这虽然取决于每个人对"局势"一词的理解，不过坦白说，我觉得比赛中并不存在"局势"一说。这是个非常暧昧且好用的词，把不明就里的事归于"局势"的确简单，可所有事情的发生或多或少都有其原因。

　　有些突发事件让人觉得莫名其妙，但这都是从量变到质变的结果。以为是局势所致，其实所谓的局势只是自己的臆想。将一切归于局势时，便会忽视掉眼前的现实，也就无法抓住好运。

在真正的比赛对决中，如果你不断失利，就会盘算着在赛点走出起死回生的一步，想着要改变比赛形势，可这种企图大多会以失败告终。"起死回生的一步"，换句话说就是铤而走险。勉强走棋容易使局面变得更糟。

若是出现了不符合预期的局面，首先该做的是冷静地验证自己下的这步棋是否真的是最优选。也许哪里判断失误，之前以为的最优选其实并非最优。若果真如此，那局面肯定不会符合预期，这时只要在某一阶段修正误判即可。

如果经过验证依然没有发现失误，那么就应继续努力下出最优选。不只是棋局对决，我们在日常生活中也会出现同样的情况——明明自己没有任何过错，事态发展却不尽如人意。这种时候切忌自乱阵脚，要按兵不动，继续尽力而为。一旦认定局势变坏，变得情绪低落，急于打破僵局，败相就只会愈加明显。

注意力与运气存在

因果关系。

第五节

集中注意力，进入无我境界

破防：

所有成事的人，不过是向上生长

　　胜利的喜悦转瞬即逝，败北的懊恼却叫人耿耿于怀。即使在比赛中获胜，我也会在第二天将那份喜悦之情忘得一干二净。然而有一场胜战却给我留下了极深的印象。那是2013年8月，在蒙特卡洛（摩纳哥公国的一座城市）举办的世锦赛中的一场比赛。像世锦赛这种大规模赛事，除了主赛以外还有几场边赛，我参加过其中的一场。去年我也在这项边赛中获胜，这算是我擅长的比赛类型。可这次我不巧处于抗癌药物治疗阶段，我一边担心自己的身体状况一边出席了比赛。

　　让我难以忘怀的就是这次边赛的总决赛。我那天的身体情况可以说糟糕透顶，而且受到之前比赛延时的影响，赛程不断延后，最终，总决赛的时间改成了凌晨4点。

　　不幸中的万幸是总决赛对手的实力在我之下，只要对方出现几次失误，我便能轻松胜出。可当比赛开始后，幸运女神却站在了对手那边。对方步步为营，整个上半场我几乎无计可施，完全成了一边倒的比赛。可即便这样，我也完全不觉得自己会输。连我自己也觉得不可思议，不管被如何围追堵截，我依然一门心思考虑如何下出最优选。进入下半场后，我还是高度集中注意力，局面与上半场截然相反，最后比赛以我的逆风翻盘告终。两次蝉联世锦赛的此项边赛冠军，在历史上也仅有我一人做到了。

这场决赛之所以印象深刻，不仅是因为我要忍受抗癌药物治疗带来的痛苦，也不仅由于比赛前半场与后半场的巨大差距，其实还缘于一个非常特殊的经历。

那时候的我可以说是进入了一种"无我境界"，注意力集中到极限，大脑处于毫无杂念的真空状态。于是，我感觉自己好像能看到接下来的棋局走势。那当然是绝无可能的，可事实上的确有好几次如我所料。这是由于我的注意力比平时还要集中，出现某种点数时该如何行棋已了然于胸。这是一种类似"全能感"的东西。因为将所有情况进行了预设，所以感觉一切都能朝着自己的预料进行。即使在前半场被围追堵截，我依然没有产生自己也许会输的杂念。如果说这是因为注意力集中到了极限，那么运气和注意力说不定存在某种因果关系。

只不过进入"无我境界"这种体验迄今为止屈指可数。如果每场比赛我的注意力都能如此集中，那么胜率一定会更高，可世事难以如愿。这恐怕是某种身心状态以及各种条件恰巧重叠时才能体会到的境界吧。

比赛时若能冷静地分析，

运气就会站在你这边。

第六节

看清决定胜负的"法则"

破防：

所有成事的人，不过是向上生长

扑克在全球都是很受欢迎的游戏。为了方便读者更好地理解，这次就拿扑克来举例，讲讲"运气"。

扑克有多种玩法，世界上最主流的扑克玩法是将 2 张底牌和 3 张公共牌结合起来，比拼谁凑出的"成牌"更大。在一场游戏中，你永远也无从得知自己会被发到哪张牌。所以在很多人心中，扑克也是输赢凭运气的游戏，但其实扑克是一种数学意义上的概率游戏。

众所周知，扑克共有 52 张正牌，因此，哪张牌会发到自己手上，概率为 1/52。结合手持牌和已经打出去的牌，就能想象出自己牌的大小在本场玩家中约能排到前百分之几。再估算一下对手牌比自己大的概率，考虑考虑这把赢了能得到多少筹码，综合考量后，就能判断出与对手这场比试产生的风险是否合理。

我们无法控制被发到自己手上的牌的大小，从这点来看，扑克的确可以说是碰运气的游戏。可当比拼手持牌的大小时，便需要拥有计算能力和分析形势的能力。比赛时若能冷静地分析，运气就会站在你这边。

若是把扑克完全看作靠运气的游戏，那么在同等运气的前提下，10 个人玩，则 10 局中每人只能赢 1 局，赢过一次的人在其余 9 局里就等于退出竞争了。

如果能明白一切并非全靠运气，以概率游戏的观点打扑克，加上对牌局的判断，便可以把那 9 局的败绩压至最小。而且，就算机会只有一次也能赢把大的。这样一来，即使大部分牌局都赢不了，经过累积，最后也能得到可喜的成果。

扑克教会我看清决定胜负的"法则"有多重要。光盯着与"运气"有关的要素，没能正确理解其法则，每次都把宝压在运气上，祈求能被神明保佑，结果就会一败涂地。面对没有胜算，即必输无疑的游戏时，如何回旋将会决定游戏的最终结果。如果了解了这条根本原理就会明白，眼前的胜负未必重要，可以以退为进。在我们的人生中，若能看清"法则"，亦是有益无害。

把缺点变成优点，

尽可能减少死角，

提升胜率。

第七节

将"短板"看作上升空间

破防：
所有成事的人，不过是向上生长

在所谓的"斯巴达式教育"[①]备受非议以后，培养人才的主要方式便从"避短"变为"扬长"。不再是凭借权威、恐吓来迫使对方服从，而是要发现对方的优点然后表扬。该教育理念认为，这样做可以放大优点，隐藏缺点。在巨大优点的引导下，缺点也会随之改正。但也不该对明明可以改掉的缺点置之不理，不去做必要的修正。

以我为例，可以说我是通过自学掌握下棋的方法，从未接受过教练指导。为此，我提升能力的方案完全基于自我判断，比起加强优势，我选择尽可能弥补短板，并以此为方向进行深入探究。

刚开始下棋那会儿，我也几次遇到过让人头疼的棋局。一旦遇上这种棋局，我就会思考应该依照哪种方案走

---

① 斯巴达式教育：是一种以体育锻炼和道德灌输为主的教育方式。

棋，不断确认自己的想法是否有误，同时重复练习同一棋局数百次，努力寻求答案。对我而言，重复上述行为算是一种训练。

在重复训练的过程中，我终于明白了面临那种棋局该如何走棋。于是，曾经让我头疼不已的棋局反倒变成了我的拿手好戏。把缺点变成优点，尽可能减少死角，这就是我的训练方针。

训练需要大量时间。想要在有限的时间内提升实力，就去集中训练还有较大上升空间的区域，这样做十分高效。虽然和研究领域、所需时间有关，但是有时候，比起继续加强在某种程度上已经明确的优势，在训练时优先着重弥补短板，效果更为显著。

回过头看，在我如今的拿手棋局中，有几种都是曾经极不擅长的。通过重复这样的训练，可以使短板转化为优势，有效利用其巨大的上升空间。

向众人公开目标，
将压力变成推动
自己进步的动力。

第八节

一定能实现目标的方法

破防：
所有成事的人，不过是向上生长

　　无论是工作也好，兴趣也罢，当我专心于某事，想要提升相关知识和技能时，就会以"设定目标"的方法来督促自己。

　　一开始就定好终极目标，朝着顶峰努力攀登，有人觉得这样做比较带劲；也有人像马拉松选手一样，一边鼓励自己"就到那个电线杆"，一边奔跑，享受攻克眼前每个小目标的成就感。

　　我觉得只要能保持动力，无论属于哪种类型都无所谓。不过从个人经验上看，我想要达成目标的办法是——"把目标告诉某人"。

　　我成为首位获得世界冠军的日本女性是在 2014 年。其实在那之前两年我就公开表示自己会夺得世界桂冠。在人前宣布，一是说给自己听，二是为了给自己一些压力。宣称要夺冠却未能实现，丢脸的就是自己。作为选手，我希望把想要规避这种事态的类似自尊心的东西转化为提升实力的动力。

　　从结果来看，当时逼自己真是做对了。在我被抗癌药物的副作用折磨得苦不堪言时，成为世界冠军这一目标帮我捱过了抗癌的日子。

在日常生活中，

找到可以激励与

鼓舞自己进步的榜样。

第九节

超人般的运动员给予我鼓舞

破防：
所有成事的人，不过是向上生长

　　下面要说的内容有点偏离本书主题，但是为了让各位读者从不同角度理解我对目标和努力的看法，我想讲一位给我带来鼓舞的人物——兰斯·阿姆斯特朗。

　　他是美国职业自行车运动员，在与奥运会、足球世界杯并称"世界三大体育赛事"的环法自行车赛实现了七连冠的成绩，是个大明星。他还作为抗癌成功的运动员广为人知。

　　他在21岁那年获得了世锦赛冠军，很早就背负众望，然而到了1996年，25岁的他被诊断出患有睾丸癌。那时，癌细胞已经转移到肺部和脑部，使他对自己的运动生涯感到绝望，不过后来，他还是战胜了癌症，两年后，以职业选手的身份回归正式比赛。从第二年开始，即1999年到2005年，他连续七年蝉联环法自行车赛冠军。

　　因为领受过抗癌药物治疗的痛苦，所以我基本能想象到他的身体承受了多大的负担。尽管运动生涯遭受了近乎毁灭性的打击，他依然克服了困难，成功回归赛场。仅此就已经伟大得令人惊叹了，可他并没有就此满足，而是在这个基础上，力压身体健康的对手们，连续七年称霸世界舞台。他那坚韧不拔的身心力量是我无法想象的，对此我只有无限的敬佩。

不过在那之后，他因兴奋剂问题被剥夺了"七冠王"的头衔。当然，服用兴奋剂肯定是不对的，只是抛开这一行为，在我心中他依然是超人般的运动健将。在我发现患癌前就已经知晓他的存在，当自己也与癌症抗争时，他的辉煌战绩给予了我极大的激励与鼓舞。

即使赢得比赛，

也要养成反省的习惯。

第十节

胜者更需要复盘

破防：

所有成事的人，不过是向上生长

　　输棋的时候，我会用分析软件、分析棋谱，研究败因，而且赢棋以后也会复盘。那是因为虽然从结果来看是赢了，但过程未必 100% 正确。

　　棋局中的大部分失误都是源自对局面的解读不充分。玩家之间所谓的实力差距，甚至可以说就是这种解读能力的差距。实力不相伯仲的顶级棋手对弈时，微小的差距足以让胜负见分晓。

　　败方的失误大多显而易见，但也不能因此就说明胜方没有失误。所以胜者也要复盘。不回顾就注意不到自己的失误，容易误以为自己走得完美无缺，时间一长可就不好改正了。

　　另外，在面对复杂的局面时，虽然碰巧选对了走法，赢得了比赛，可当数个选项摆在面前时还是会举棋不定。而举棋不定就意味着没有看懂棋局。再出现相同的棋局时，如果没能读懂便还会犹豫，而且每次身心状态等都不同，这一次也许就选不到正确选项了。

胜局也有不好的胜法，败局也有好的败法。直到最后也没有出现重大失误，全力应战然后输掉比赛，这种情况可以说是虽然失败了但过程却很享受。当然，既然身为职业棋手，那么结果就是一切。即使发挥出全部实力，可还是不及对手，这时也就只好痛快地举旗投降。虽然懊恼之情不可避免，但也虽败犹荣。

面对失败，究其原因，

及时改正，

可以避免重蹈覆辙。

第十一节

从失败中吸取教训

破防：

所有成事的人，不过是向上生长

　　把国内外的比赛都算上，我赢得过大大小小 50 余场赛事的胜利。不过老实说，有印象的获胜屈指可数，有时甚至在赢得比赛的第二天就把胜利的喜悦抛之脑后。

　　不过奇怪的是，输掉的比赛却总能鲜活地留在记忆里。从精神心理角度看，对失败耿耿于怀也许不是什么好事，可我却觉得这样做反而能促进自我成长。因为我会避免重复同样的错误。

　　就拿工作上出了差错来比喻吧。差错带来的影响越大，情绪一定就越低落。有人会觉得不能这么消沉下去，为了自我纾解，于是决定把这事忘掉。可只是忘掉就没事了吗？

　　总为自己无能为力的事闷闷不乐，或者觉得自己什么也做不好而自我否定，这些情况属于反应过度，的确应该忘掉。但是复盘出错的原因，回想本应采取的措施又是极其重要的。因为对造成失败的因素和背景进行透彻分析能够暴露自己的不足，下次就会进步。

　　大概每个领域的成功人士都会在失败中总结教训。对失败睁一只眼闭一只眼，就相当于错失了难得的进步良机。就算对失败耿耿于怀，但究其原因进而改正，便可以避免重蹈覆辙。

置身中庸状态，

如"水"一般的人

可以适应各种变化。

第十二节

兼具"执着心与灵活性"

破防：
所有成事的人，不过是向上生长

　　我曾经看过 2019 年诺贝尔化学奖获得者吉野彰的采访。当被问到科研成功应具备什么条件时，他答道："执着心与灵活性"，这答案令我印象颇深。

　　所谓"执着心"，就是面对困难也不轻言放弃的坚韧，而"灵活性"可以说是完全相反的因素。吉野先生的意思是，这两种因素在同一个人身体里完美兼容了。相信这段话不仅适用于科研人员，对其他任何人也都充满启发。

　　越是顶级棋手就越没有特定棋风，这是因为他们不会刻意营造个人风格，以便自如应对任何局面。但火候还不够的棋手，都会带着个人风格去比赛。

　　想成为顶级选手，还是需要逐渐增添风格。个人风格这种武器越多，棋局中可以拿来战斗的装备就越多。个人风格是一种个性，个性明确后，思维和言行就会形成自身特点，成为个人的专属铠甲。然而铠甲伴有变成软肋的风险。信念坚定是冥顽不灵的美称，灵活也可以被解读为缺乏主体性。

这跟"执着心与灵活性"本质相同。看似完全对立的因素能够兼容，是因为两种因素有着相同的影响。在某种场合下耿直顽固的人，在其他场合会看起来反复无常。也就是说，不要给自己下定义。

没有风格的人总给人一种难以捉摸的感觉。而这种难以捉摸正是这个人的厉害之处。无论什么局面都能灵活应对，没有特定的"获胜模式"。即使随着 AI 的进步，某些定式发生改变，但只要具备适应变化的能力，就能够从容应对。

事实上，棋局的定式也的确在渐渐改变。能够适应这种变化的，是那些中庸、不受限制、没有特色、如"水"一般的选手。

越是结果不如意时，

越要警惕怪罪运气的自己。

第十三节

"运气不好" 是实力不足的借口

大家觉得自己运气好吗？还是经常走背运？

接到本书的策划方案，重新回顾自己的心路历程时，我发现了一件事。除去抽签这种纯粹靠运气的事，只要与其他因素有关，我便不会只着眼于运气，把一切归为走运或倒霉。

拿游泳来说，在不同泳道会受到波浪的不同程度影响，所需时间也会产生变化。在室外游泳的话，当天的水温与天气情况也不尽相同，这类影响都属于运气范畴。

入学考试也有运气的成分，但在种种条件限制下仍能取得优异的成绩，一定是凭借着自身实力，不能用运气的好坏来一概而论，进而否定自身的努力。

棋局中的行棋方式的关系也大抵如此。虽然某种程度上有运气的成分，但单方面放弃努力，把一切都归咎于运气，是万万不可的。

我在开头也有所提及，棋盘的圈子里，男性具有压倒性的优势。这里的优势指的是竞技人口。由于女性竞技人口极少，能与男性同场作战的女棋手自然更是凤毛麟角。

在我尚未获得头衔时，一些输给我的男棋手都说过类似的话——"我这是谦让女性""在运气方面比不过女性"等等。他们一个劲儿地强调我是女人这件事，关于败因除了运气只字不提。而说出这种话的人，实力大多停滞不前。

总而言之，这些男性大概不认为自己的实力不如身为女性的我。搬出运气的概念，妄图填平男人在实力上不可能输给女人这个"理论世界"与"现实世界"的沟壑。站在他们精神心理的角度看，这种行为可以起到自我保护的作用，绝非无用功，所以我不会否定它。但要想不断提升棋术，战胜对手，最好还是面对现实。

运气这东西看不见摸不着，是个极其好用的概念。可因此就把所经历的一切都是推给运气，不去深入思考、草草对待的话，不管是有意还是无意，都有可能成为忽视自身实力不足的借口。越是结果不如意时，越要警惕怪罪运气的自己。

不要做容易适得其反的

心理暗示，

去做能体会到

积极效果的暗示。

第十四节

"心理暗示"的窍门

破防：
所有成事的人，不过是向上生长

　　铃木一郎，这名曾在美国职业棒球大联盟大放异彩的球员，每天早上都吃咖喱这件事可谓尽人皆知。另外，他在制定日程和使用棒球用具等其他方面也颇为讲究，这种给自己制定惯例的运动员不在少数。

　　这大概是因为惯例中蕴含着种种意义，比如每天采取同样的行动就可以避免在本职工作以外的事情上浪费脑细胞，还容易注意到身体等方面的细微变化。

　　这当中有人坚持某种惯例，也许是出于想要"讨彩头"的缘故。"讨彩头"是被人们寄予美好愿望的一种心理暗示。我有听过重要比赛之前要吃猪排饭、穿新内衣等等，多数都只是沿袭好事恰巧发生时的行为。

　　包含这种心理暗示的行为可以说是一种镇静剂。如果能因此集中精力，使紧张情绪得到舒缓，那基本上做什么都没问题。如果硬要我给个建议，我想说，即使没能坚持惯例，也不要自乱阵脚。

譬如网络上说你今天的幸运色是"粉色"，就算那天没有找到任何跟粉色有关的东西，你也不会因此就觉得"今天完蛋了"。但如果面对"只要每天走同一条路就不会有坏事发生"这种"必须要做的事"，抑或类似"只要吃了猪排饭就能赢"这种"只要做了就会有好结果"的预设，一旦你想做却没能做成，就容易产生情绪低落的风险，觉得"今天完蛋了"，所以最好避免此类心理暗示。

假设你在购买便利店新出的甜点后发生了好事，打那以后，一有什么事你就会买那款甜点。那天对你来说刚好是重要的日子，你照例打算去买它，却发现那款甜点由于销量不佳已被新品取代。

容易被负面结果影响的悲观主义者，最好一开始就不要做这类容易适得其反的心理暗示。

但我并非否定"心理暗示"行为本身。我觉得只要那个人能因此更有动力，就可以去做。只是做的时候最好避免那些容易弄巧成拙的方法。

像我是这样灵活运用的：不相信坏的暗示结果，只相信好的。重要的是自己的心情，如果通过心理暗示就能安心、提升动力、体会到积极的效果，那就去做吧。

我平时既没有制定惯例，也没有特意去给自己什么暗

示，唯一会做的是在参加世锦赛或者其他重要比赛的决赛

时，戴上同一条紫色丝巾。这是出于将喜爱之物戴在身上的

踏实感，但或许这也是一种"心理暗示"的行为吧。

小节精句汇总

01

越是高手就越不会拘泥于风格。正因为无论怎样的风格都能应对自如，才能根据不同情况尽量减少自己的破绽，同时攻其不备。

02

越是厉害的选手，其棋风越没有特色，可是人格与脾性又是另外一回事了。很多选手在棋风以外的方面都有着极强的个性。

03

放弃电脑推导出的"正确"走法，故意去走看似"错误"的那一步，反而能达到大比分领先棋局的效果。

04

一旦认定局势变坏，变得情绪低落，急于打破僵局，败相就只会愈加明显。

05

胜利的喜悦转瞬即逝，败北的懊恼却叫人耿耿于怀。即使在比赛中获胜，我也会在第二天将那份喜悦之情忘得一干二净。

06

面对没有胜算，即必输无疑的游戏时，如何回旋将会决定游戏的最终结果。

07

训练需要大量时间。想要在有限的时间内提升实力，就去集中训练还有较大上升空间的区域，这样做十分高效。

08

无论是工作也好，兴趣也罢，当我专心于某事，想要提升相关知识和技能时，就会以"设定目标"的方法来督促自己。

09

尽管运动生涯遭受了近乎毁灭性的打击，他依然克服了困难，成功回归赛场。

10

输棋的时候，我会用分析软件、分析棋谱，研究败因，而且赢棋以后也会复盘。那是因为虽然从结果来看是赢了，但过程未必100%正确。

11

对失败睁一只眼闭一只眼，就相当于错失了难得的进步良机。就算对失败耿耿于怀，但究其原因进而改正，便可以避免重蹈覆辙。

12

所谓"执着心"，就是面对困难也不轻言放弃的坚韧，而"灵活性"可以说是完全相反的因素。

13

越是结果不如意时，越要警惕怪罪运气的自己。

14

不相信坏的暗示结果，只相信好的。重要的是自己的心情，如果通过心理暗示就能安心、提升动力、体会到积极的效果，那就去做吧。

第三章

实战：女王的棋局

不断挑战新事物，

邂逅命中注定的事。

第一节

挑战世界顶级选手首战告捷

破防：

所有成事的人，不过是向上生长

2001 年的时候我还是一名大学生，那时为了在红海进行水肺潜水而跑到了埃及。想着"只要勇于挑战未知，世界就会变得更宽广"，于是我从初中一年级起决定"每年尝试 10 项新事物"，之后便一直坚持。作为其中一环，我在大学时期开始进行水肺潜水，并决心潜遍世界上所有的海。

埃及人对一种棋盘游戏兴趣盎然的样子令我不禁有些好奇。海边也好，街区也好，所到之处皆是人们沉迷于这种游戏的身影。

回国后我查阅了相关资料，才知道它就是"十五子棋"。因为对我来说是新鲜事物，自然得尝试一番。可我周围的人别说规则了，连这种棋的名字都未曾听说过。当时电脑的 Windows 系统恰巧自带这种游戏，我有时会玩儿一玩儿以作消遣。这便是我与十五子棋结缘的"起点"。

之后我开始在网上观看高级玩家的比赛。仅是观战就慢慢增加了我对游戏的深层理解，有时我还会怀疑这步真应该这么下吗。于是我购买了分析棋局的软件，用来研究正确下法。我之所以能在短时间内取得一定战绩，完全是这个软件的功劳。在没有分析软件的年代，无从得知正确答案，只能耗费大量时间去摸索何为最强走法。

前人经过辛苦耕耘好容易探寻到的成果瞬间就能被计算出来，这就是分析软件。如果没有分析软件，像过去那样，除了孜孜不倦地积累经验别无他法，我的世界冠军之路应该会经历更多的阻碍吧。第一次参加实战便战胜专业棋手的这种事自然更不可能发生了。

研究分析软件的同时，我不再止步于观战，而是参与到网络对战中，并且下得还挺顺。

2003 年 1 月，我来到了东京新宿的一家桌游吧，客人在那里可以玩到各类桌游。其实我一开始去那家店是因为正好和朋友聊到"一起玩点什么吧"，于是决定去玩当时在德国十分流行的 4 人对战游戏。

店内恰巧有两位与我们年龄相仿的男士，我们 4 个人便组局玩了起来。其中一名男士突然说道："我可是十五子棋专家哦。你知道这种棋吗？"

在埃及得知这个棋盘游戏后，我用分析软件不断练习，正想找个人练练手，所以立即答道："知道啊"。于是，我俩的对弈开始了。

那位男士叫作望月正行，日后成了日本首夺世界冠军的职业棋手。那次我们采用了 5 分赛（率先获得 5 分的一方获胜），我幸运地获胜了。

第一次和真人面对面对弈，加上战胜职业棋手的喜悦，和望月先生的那场对弈给我留下了极其深刻的印象。当然了，此时任谁也想不到，这两个人未来都会成为世界冠军。

第二年，也就是 2004 年 5 月，我参加了中级比赛，首战告捷。11 月，我又在初次参加头衔战局——"盘圣战"中获胜，成为了首位取得国内 5 大头衔之一的女性。

把"0"变成"1"比把"1"
变成"2"更难。

第二节

"0"和"1"天差地别

完全没有先例的"0"的状态与哪怕只有 1 次先例的状态，我认为两者之间天差地别。可以把这种差别表现为"无"和"有"。

所谓"0"的状态，是指在这世界上完全不存在。因为什么都没有，所以不管如何主张"有"，也很难让人信服。如果诞生了"1"，那么存在本身就可以得到证明。只要存在能得以证明，那么后面只要让其增殖为"2""3"……就非常容易了。思考棋局以及其他脑力运动中的男女实力差距时，以上理论同样适用。

无和有的差距也等同于"未知"和"已知"的差别。

例如，抗癌药物治疗的诸多副作用让人十分痛苦，我在接受第一次治疗时感觉尤甚。全身疼痛和呕吐都是我的初次体验，更可怕的是我根本不知道它们会持续多久。那种无边的痛苦让我绝望不已，甚至想要一死了之。第二次药物治疗的痛感虽和第一次比不相上下，但我却不似第一次那般绝望。因为我已经了解到这种疼痛会发展到哪种等级，以及还需忍耐多久就可以结束。我深深体会到，哪怕只有 1 次，但"知道"和"一无所知"的状态真的有着天壤之别。

不管身处怎样的世界，把"0"变成"1"都不是简单的事，可能比把"1"变成"100"还难。但是困难方有意义，这比把"1"变成"2"所需的努力还值得尊敬。

修正固化思维实为难事，
但重审并研究是变强的
必经之路。

第三节

摒除思考的杂音

刚开始下棋的时候，我在研究棋谱和定式上面花了不少时间，基本就是对着电脑学习。水平达到一定程度后，我的研究范围变得更广——前往未知的城市旅行，和不同国家的人交谈。我发现，这个过程可以激发灵感，让我想出新的下棋策略。比起一门心思只盯着棋局，像这样从外界接收良性刺激，可以让我发现更多的视角与观点，还能培养我的想象力和大局观，而这些能力都需要很高的站位才能养成。

成为世界冠军后，我依然花很多时间重新审视棋谱。1个小时的比赛我会花上3个小时左右来研究。如果是失误较多的比赛，3个小时都不够，有时甚至研究数日仍不肯罢休。碰上这种情况，我一般会暂时把注意力从棋谱上移开，让大脑冷静一会儿。

可以把我研究的重点理解为发现失误的倾向以及深化对棋局的解读。看棋谱时，我会从自己为何下错、当时以什么策略行棋等视角来重新审视。使用分析软件就会立刻推导出当下的正确走法，我会一边比较最优走法，一边分析失误的原因。持续充实自己对棋局的解读，努力去理解电脑导出的正确走法为何正确，这便是我对棋谱的大致研究内容。

经过以上流程，我深深地体会到，想要改变已经固化的思维并非易事。每名棋手都把经验当作助力成长的养料，然而在我奉行的经验法则中，总会掺杂一些不易察觉的固化思维和错误认识。而研究棋谱便有着过滤这些"杂质"的效果。

不过，想要改变已经固化的思维着实不易。因为随着经验的累积，越是变得优秀，以往的见解就越会得到肯定。在一直以来都深以为然的见解中，少数信息会出现漏洞，必须将其修复，所以对依靠丰富经验行事的棋手来说的确困难重重。

可努力将以上操作付诸实践后，作为棋手的死角确实会有所减少。正因如此，重新审视并研究棋谱是变强的必经之路。

养成双向思维的习惯，
消极思维与积极思维
同等重要。

第四节

消极思维是种自我保护

积极思维、正面思维是从什么时候开始被全面肯定的呢？这类词组似乎不久前才出现。一般情况下，不问年龄与立场，人们对于积极思维都有"善"的印象，而对消极思维则是"恶"的感觉。

然而，我们人类的思维不该单纯地被分割为二元论。另外在我看来，即使是出于危机管理的意义，消极思维也绝不应该被否定。

在比赛中，棋局走势会不断变化，经常是拼尽了全力，却换来了不甚理想的结果。甚至是在步步为营，在可以选择时下出了最优走法的情况下，却还是导致了最糟糕的局面。因此，我在解读棋局时，一定会将走势分成 3 种类型考虑：

（a）对自己有利的走势；

（b）对自己不造成任何影响的走势；

（c）对自己不利的走势。

之后再分别考虑对策。这时要做的是，即使实际出现的是概率最高的平均走势 b，也要提前想好在最有利的走势（a 的最大值）和最不利的走势（c 的最小值）出现时的大致情况。只要提前预想出最差情况和最佳情况，当其真正出现的时候就可以从容应对了。

相信很多人因自己思维消极而伤脑筋。消极的思维源于对未经之事的担忧以及不良经历造成的阴影。可拥有消极思维未必都是坏事。能够以消极的方式思考问题，说明具备可以预测事态最差发展的能力，因此也能三思而后行。

与之相反，拥有积极思维的人可以想象出事态的最佳发展方向，行动力强，但与此同时，跟头也栽得更多。总而言之，哪种思维都有优势和劣势，若能灵活运用两种思维就更无敌了。

如果有人讨厌总是消极思考的自己，可以试着这么想：我已经具备两种重要思维中的一种了，这样也许会比较悦纳自己。

面对生活中的种种，只以积极的想法来看待我会觉得不够全面，还要特意用消极的目光来看问题。在用积极思维考虑后，试着用与之相反的消极思维再审视一下。大家不妨试着养成这种运用双向思维的习惯。

面对初次体验的新事物，

可以事先了解，减少顾虑。

第五节

享受"紧张"

在围棋和将棋等棋盘游戏的世界里，据说人们过去经常使出一种叫"盘外招"的心理战术。

打比方说，在对弈过程中做出干扰对手注意力的行为，或是在赛前向对手说些充满挑衅意味的话语，这类企图令对方丧失冷静判断力的言行就是典型的"盘外招"。在职业棒球比赛中，老练的捕手在选手进入击球区后，实施干扰选手的"耳语战术"，这也是一种"盘外招"。

现在，人们都专注于磨炼下棋技术，早年间那种露骨的"盘外招"已不再流行，但与之相似的心理战术似乎仍未消失。

跟大家说说我是怎么做的。我不会故意给对手挖坑，但会在比赛时格外注意自己的姿态。挺胸、抬头，尽可能让自己挺拔起来。对手们基本都是比我体格大得多的男性，但只要落落大方、昂首挺胸，就能掌控赛场节奏。

当然，我也不确定这种举动能给比赛带来多少积极影响，但如果对手极度紧张，我自信大方的态度也许就会给对手造成进一步打击，致使其犯下平时不会犯的错误，那这样也算得上是"盘外招"了。

很多人在精神紧张时会失去平常心，犯下平时根本不可能犯的错误，发挥不出真正的实力。不少人都希望拥有一颗强大的心脏，无论站上多大的舞台都不紧张。

其实我属于那种不易紧张的体质，就连出战世锦赛决赛也没什么紧张感。如前文所述，我在初中一年级的元旦那天立下目标，决定"每年尝试 10 项新事物"，并且时至今日仍在坚持，为此也挑战过形形色色的事物。虽然最初制定这个目标是为了拓宽视野，但现在又多了一个原因，就是想要找寻让我心跳加速的新奇体验。

尽管理想的体验不容易碰上，但 2000 米高空跳伞还是令我大呼过瘾。那时也没觉得紧张或害怕，而是难掩兴奋与激动，体会到了用这具身体在美丽的天空中自由翱翔的酣畅淋漓。

至于跳伞为何不能让我紧张，八成是因为我对跳伞有种正面印象，觉得"可以获得在空中飞翔这种非一般的体验"。当然了，在下决心跳伞的阶段还是因其危险性等安全问题感到过些许不安。因为我有一位棋手朋友，曾是英国军人。他在一次跳伞训练中，因为在没有打开降落伞的情况下着了陆，最终造成截瘫。

跳伞虽然有跟死亡挂钩的风险，但查过相关资料后，我发现跳伞死亡率比车祸死亡率还低。于是，我想要在空中翱翔的欲望胜过了恐惧。如果跳伞死亡率很高的话，我压根就不会去挑战。要是明知死亡率高还去挑战，那我可能就会因不安而紧张了。像这样，即使做的是同一件事，但由于看法不一样，所以心跳加速的感觉既可以是紧张，也可以是兴奋。

面对初次体验，谁都会因未知而紧张不已。可以通过事先科普来缓解紧张，消除顾虑。这份紧张感会因经验的累积消失殆尽，兴奋之情也将随之淡化。只有一开始才能体会到接触新事物的紧张，这是极其宝贵又美好的感受。不要把紧张当作坏事，而是应该尽情享受它。

发现自己"废柴"的
一面是成长的前奏。

第六节

缺乏自信催人成长

破防：
所有成事的人，不过是向上生长

因为十五子棋非常小众，所以它不像网球、高尔夫那样将世锦赛等成绩量化后决定排位顺序，真正的高手是通过棋手们自己票选决定的，是由全世界最懂棋的人们票选出的他们心中的高手。

榜上的前 32 名被称为"高手"，我在 2013 年第一次入围，而在那之前，全世界没有任何一位女棋手进入过这个榜单。

这是我成为世锦赛冠军前一年的事。作为一名棋手，即便是现在回过头看，依然觉得没什么事比这更令人欣慰。

曾经，我因身为女性，连选手身份都不被认可。而今，自己在男性圈子里打拼的足迹终于被认同，实力得到了男选手们的高度评价，思及此，顿觉感慨万千。

虽然被选为"高手"让我获得极大的自信，但也并未因此觉得自己有多不可一世。

如果是实际比赛，为了掌握赛场节奏，我的确会挺胸抬头，进行自我暗示，告诉自己我很厉害并坚信不疑。但在赛场之外，重新审视并研究棋谱时，我则会聚焦于如何改善自己的"弱点"。深究"自己到底差在哪里"，永远注意查缺补漏。

练习时"弱势的自己"和参赛时"强势的自己"——我会根据时间、场合，灵活转换不同的自己。

实战中，怯懦会拖后腿，所以要以强势的态度去应战。练习时，如果想着"我很厉害"，可能根本就不会开始练习，所以这时不需要强势的自己。正因为存在"弱势的自己"，所以才想努力克服，变得更强。

生存在以成败论英雄的世界里，最惧怕的不外乎无法再获胜。强大是正义、是快乐，有时还是一种美。然而，没有什么比强大更脆弱。昨天连战连胜，但明天未必还是赢家。所以，不论多强的人都不会满足于现状，而是为了进一步变强而不断努力。因为大家都明白，一旦觉得自己很厉害便会丧失前行的动力。如果失去了想要变强的上进心，就真的不会再精进了。

如果觉得没有自信，那么可以认为它是拥有上进心的表现。当你觉得自己是个废柴，那一定是成长的前奏。越是这种时候，能力越会得到提升，那么趁机尝试一些新的挑战如何呢？

愿意倾听他人意见，
同时还拥有愿意亲自
验证的勤奋。

第七节

"怀疑"会变成真正的学问

破防：
所有成事的人，不过是向上生长

很多人都知道松下电器的创始人松下幸之助看重"素直"这一品行。这一定是他常年身为企业经营者的经验推导出的真理。

仔细想想，"素直"这个词有各种含义，但我觉得松下先生理解的绝不是"顺从"，在语境上应该更接近于"诚实"和"纯粹"。轻信他人的话、盲目跟风，仅凭这样的顺从是不足以学到任何东西的。

我的棋术基本属于自学，也会有经验丰富的棋手给我提出建议，告诉我"这步不对哦"或者"这样走比较好"。这种时候我都会亲自验证，确认是否果真如其所说，从而加深理解。

不迟疑虑地遵从确实轻松，可一旦别人的见解有误，最后就会积重难返。

当然，建议很宝贵，所以我会在当场向给予我建议的人表达感谢，但是否采纳就是另一回事了。也许有人会觉得我生性多疑，其实，曾经的我性格过于顺从，也因此得以从过去的经验中总结出了这个教训。

儿时的我是个乖乖听老师和父母话的孩子。可随着年龄逐渐增长，我发觉他们说的话未必都是真理。

举一个小例子，上学的时候，我在一家家庭餐厅打工。当我严格遵从前辈 A 的指导后，前辈 B 就对我大发雷霆。事实上，前辈 A 的指导是错误的，前辈 B 的才是正确的。或许因为类似经验的累积，让我明白顺从存在隐患。

我之所以能够在棋局中取得不错的成绩，是因为具备愿意倾听他人意见的"素直"，同时还拥有愿意亲自验证的勤奋。这两点让我在充满胜负的残酷世界中幸存，是我信赖的指南。

没有直接关系的
事物会激发灵感。

第八节

绕远有时反倒是捷径

破防：
所有成事的人，不过是向上生长

大家知道名为"庞加莱猜想[①]"的数学难题吗？"庞加莱猜想"是拓扑学（位相几何学）中的定理之一，是法国数学家庞加莱于 1904 年提出的。近百年来，数学家们前赴后继，都想证明，却无一成功。

时间到了 2002 年，俄罗斯一位名叫佩雷尔曼的数学家成功证明了"庞加莱猜想"，造成轰动。让我觉得有趣的是，佩雷尔曼运用微积分、几何学和物理学的知识证明了这道难题。解决拓扑学问题的并不是与拓扑学有关的知识。

这件事给了我们极大的启示，那就是从多角度观察事物的重要性。

---

① 庞加莱猜想：1904 年，法国数学家亨利·庞加莱提出的拓扑学猜想——"任何一个单连通的，封闭的三维流形一定同胚于一个三维的球面"。后此猜想被推广至三维以上空间，被称为"高维庞加莱猜想"。

有一次，我无意中看到电视里正在播放以"鸡汤拉面"发明人为主角原型的电视剧。剧中描绘了苦于常温下无法长期保存拉面的主人公，在看到准备晚餐天妇罗的夫人时受到启发而顿悟的瞬间。像制作天妇罗那样，将面高温油炸后，面里的水分就会蒸发，这样就可以在常温下长期保存了。光研究拉面是不会产生这种想法的。

世界上很多事情，乍一看毫不相关，却在意想不到的环节有所关联，并给予我们极大的启发。

相信很多人都有这样的经历：周围人都觉得某件事只是你的个人兴趣，但某天居然对你的工作有所助益。给行业带来具有划时代意义的点子，引发行业革命的大多不是专家，而是非主流人士或外行，这可能也是相类似的道理。

我在接触十五子棋初期，曾面对电脑和棋盘苦心钻研，当达到一定程度后就感觉进入了瓶颈。在这种时候，我就会放弃心中的执念，去海里潜水、去街边散步，这些看似与下棋没有直接关系的事物也可能带来思维上的灵感。

研究棋局的捷径就是对着电脑分析棋谱，但日常生活中或许蕴藏着使你进阶的巨大线索。

世上的所有事物都在某些环节相互关联。

当你意识到了这一点，就能打开新世界的大门。

做自己擅长的事，

有了自信就能变得专注。

第九节

发现乐趣就能更专注

破防：
所有成事的人，不过是向上生长

虽然自己没什么感觉，但周围的人都说，当我埋头做某件事时就会完全沉浸在自己的世界里。我想他们的意思是，我在面对电脑或者读书的时候会散发出生人勿近的气场。如果说这种气场意味着专注，那么诀窍就在于要做自己钟爱的事。

大家也许都有过这种经历，当你迷上某件事时，其他的一切就无法进入你的视线。比如玩喜欢的电子游戏玩得废寝忘食，回过神来已是早上。

刚开始下棋那会儿，我醉心于它的趣味与内涵，除了睡觉时间以外，我的大脑几乎无时无刻不在思考棋局。如果下棋没让我体会到如此"乐趣"，我恐怕不会练就今天这身本领。不管下多久都不会腻，吃饭、睡觉都可以抛到一边。如果痴迷到这种程度，自然就会专注。

对于喜欢的事能够下意识地集中注意力，但如果是没那么喜欢的事呢？比如面对棘手的工作似乎就很难集中。其实，只要改变看法并多加训练，注意力多少是可以提高的。

我以前对足球无感，直到有天心血来潮，决定成为某支队伍的粉丝。抱着这种心情观战，自然而然就记住了选手们的名字。查了之前的赛绩等情况后，真的逐渐变成了球队的粉丝，足球比赛突然变得有趣起来。

工作不似足球，很难轻易喜欢上，但可以试着找找工作中有没有哪部分是自己擅长的。一旦觉得自己擅长，那在做这部分工作时就会充满自信，注意力也能得到提高。

动力来源于欲望，

不要忘记深藏内心的野心。

第十节

有"欲望"才有动力

棋手在结束一场重要比赛后，有时体重会减轻 1~2 公斤，因为大脑会相应地消耗卡路里。不过即使是高度专注的职业棋手，比赛时也会在某一瞬间神游。出现这种情况基本是因为有了"杂念"。

若能一直专注于棋盘，不去胡思乱想，那自然再理想不过了，可人类不是线性生物。杂念产生的原因通常是因食欲感到"肚子饿了"、抑或因睡眠欲感到"累了想睡觉"等等，是这些欲望在作祟。

但也不能因此就断言所有欲望都是不好的，它们有时也能产生积极作用。拿我自己来说，当在比赛中处于劣势，有时会突然想回馈我的支持者，向他们展示自己胜利的英姿。这种欲望与求胜的动力息息相关，它会再次唤回我的注意力，让我专心比赛。

出于以上原因，我认为有动力来源于欲望。虽然在平日的社会生活里需要适当遏制，但我们绝不应忘却藏匿于内心深处的野心。正因为拥有想要变强、变富的欲望才能去努力。没有这种欲望的驱使，就只能停滞不前，过着一成不变的生活。

了解对方的想法，

判断对方的行动，

是获取成功的捷径。

第十一节

答案永远在对方那里

破防：
所有成事的人，不过是向上生长

　　一位人寿保险销售员曾连续几十年蝉联业务冠军，据说获得优异业绩的秘诀是"大胆想象"。

　　比方说，得知客人的家庭住址后，就去调查那里是怎样的地方，在此基础上想象一下客人的家庭结构、公寓规模、房间配置、工作日和休息日都做什么等等。这样一来，多少就能掌握客人担心和烦恼的问题，进而可以根据客人的情况，向其推荐适合的产品。

　　下棋时，若想攻下对手就必须研究棋谱。越是顶级的棋手越不会失误，水平达到一定程度后，大家对最优走法的判断会变得一致，棋风特点就会消失。

　　而能够抓住对手微小的失误，并借此走向胜利，关键的资料就是棋谱。棋谱上会清晰地显示棋手在何种局面下走了怎样的一步。换句话说，棋谱上镌刻着棋手的思考轨迹。

　　所以，研究棋谱能在相当大的程度上读取棋手的思维特点。比如，了解到棋手在面临困局时会选择攻击型走法、发现己方有利就会选择保守型走法这类特点。当你能在一定程度上想象出对手下棋的倾向，就可以提前做好准备，使局面倒向自己。

不局限于下棋，工作也好，恋爱也罢，我们面对的都是活生生的人。每个人有不同的特点，所以仅凭"一般情况下是这样"的主张去攻略对方恐怕很难。

最重要的肯定是自己想怎么做，可当有第二者存在，并且你想攻下对方时，就要先想象"对方会怎么想"，然后再行动。这才是通往成功的捷径。

小节精句汇总

01

想着"只要勇于挑战未知，世界就会变得更宽广"，于是我从初中一年级起决定"每年尝试 10 项新事物"，之后便一直坚持。

02

完全没有先例的"0"的状态与哪怕只有 1 次先例的状态，我认为两者之间天差地别。可以把这种差别表现为"无"和"有"。

03

因为随着经验的累积，越是变得优秀，以往的见解就越会得到肯定。

04

面对生活中的种种，只以积极的想法来看待我会觉得不够全面，还要特意用消极的目光来看问题。

05

只有一开始才能体会到接触新事物的紧张，这是极其宝贵又美好的感受。不要把紧张当作坏事，而是应该尽情享受它。

06

生存在以成败论英雄的世界里，最惧怕的不外乎无法再获胜。强大是正义、是快乐，有时还是一种美。

07

我之所以能够在棋局中取得不错的成绩，是因为具备愿意倾听他人意见的"素直"，同时还拥有愿意亲自验证的勤奋。

08

世上的所有事物都在某些环节相互关联。当你意识到了这一点，就能打开新世界的大门。

09

其实，只要改变看法并多加训练，注意力多少是可以提高的。

10

正因为拥有想要变强、变富的欲望才能去努力。没有这种欲望的驱使，就只能停滞不前，过着一成不变的生活。

11

　　最重要的肯定是自己想怎么做，可当有第二者存在，并且你想攻下对方时，就要先想象"对方会怎么想"，然后再行动。这才是通往成功的捷径。

第四章

超越：我用努力创造奇迹

仅是改变方法，
就能收获满满。

第一节

不墨守成规就会有新发现

破防：
所有成事的人，不过是向上生长

　　虽然存在个体差异，但大家一定都在青春期直面过人类的根源性问题："我到底是谁""人生有什么意义"。我开始思考这类问题是在即将上初中的时候。

　　虽然只是小孩子缺乏人生经验以及学识、信息的思考，但那个时期的确为我的人生奠定了基础。

　　其实现在回过头看，那个时期一些有意无意观察到的现象都对我日后的人生产生了决定性影响，当中一些还对我成为棋手有所助益。其中一项就是"仅是改变方法，就能收获满满"。

　　小学时，我刻板地遵照大人的叮嘱，每天按着同样的路线往返于家和学校之间。直到有一天不得已走了条与往常稍微不同的路，却发现了一件令我惊讶的事——我家附近一户人家竟然养了只大狗，我以前从未注意。只是因为走了另一条路，却发现了新的世界，我为此深感震惊。

　　从那之后也发生过类似的事，我也因此决定做两件事：一是开阔眼界，二是试着用不同方法做同一件事。我为此付出的努力便是前面提到的"每年挑战 10 项新事物"。

　　凡事都在于尝试，哪怕是自己不感兴趣的领域，说不定也只是自己不够了解，实际上可能很有意思。通过亲自体验，人的看法和感受也许会发生变化，进而获得新发现。给自己定下这种目标并坚持下去，世界将会变得更加开阔。

　　重复作业会让我们停止思考。可在一成不变的生活中，哪怕只是稍微改变一下通勤路线，或许就会有新的发现。将常用的东西换成其他厂家的类似产品，抑或用写信的方式代替邮件来与客户联络，只要对方法稍做改动，就能有所收获。

努力未必有回报，
但不努力一定没有回报。

第二节

不做无谓的努力

破防：

所有成事的人，不过是向上生长

　　带有围棋、将棋人气棋手墨宝的扇子是粉丝们的心头好。2018 年，当我第二次夺得世界冠军时，为了留下纪念，我也在扇子上大笔一挥——写下了"不屈"二字。不到最后不放弃，英文中"never give up"的精神，在日语中就相当于这两个字。

　　当你坚持到最后一刻，"只要努力就会有回报"这句话听上去那么动听，让人情不自禁地想去相信，可是"努力也未必有回报"才是我们应该接受的现实。

　　不过有一点不能忘记，那就是"不努力肯定没有回报"。这并非等同于一味地忍受艰辛、傻傻付出，而是在评估你的努力是否有质量。也就是说，我们需要付出的是能提高回报率的努力。

　　当然，即使是有质量的努力，谁也不能保证就一定能有所回报。可如果朝着正确的方向努力，回报率就能提升。

暂时干点别的，

与原本在做的事保持距离。

第三节

维持动力的窍门

　　"每年挑战 10 项以上新事物"的目标从我进入初中伊始持续至今。诚然，坚持尝试一项新事物需要毅力，可在失去动力的情况下，想要继续坚持以往一直在做的事也许比尝试新事物更需要毅力。为此，我决定思考一下维持动力的窍门是什么。

　　我们在很多情况下都需要维持动力，但主要情况就两种。

　　一种是原本很喜欢的事或人突然变得不再喜欢，热情丧失。

　　另一种是需要提升对本就不喜欢的事的动力。

　　这里想就第一种情况跟大家分享一些经验之谈：当你对原本充满动力的事物丧失了热情，如何再次找回动力呢？

　　丧失动力的理由形形色色，但当你认真对待一件事时，如果长期进展不顺，原本喜爱的事就会变得厌烦起来。一旦开始厌烦，事物带给你的感受就将不复从前。当忍耐到达极限，曾经的动力就会烟消云散。为此，我们需要在忍耐达到极限之前做出对策。

我的对策就是：暂时干点别的，与原本在做的事保持距离。在保持距离期间，尽量尝试一些不同以往的体验。

在体验不同事物的过程中，你会觉得"还是挺想做那件事的"，这就是回归的时机。久违的回归会让你突然发觉其趣味性，由于保持了距离，也能相对冷静地看待过往的种种不顺。

"成为世界冠军"这个巨大目标曾是我前行的动力。当目标得以实现，"为了成为世界冠军而变强"的动力就不复存在了。虽然现在驱使我前行的动力是"三度成为世界冠军"，但又何尝感受不到持之以恒的难度。

这时我就会跳出棋局的框框，迎接新的挑战。自己总结的这套对策理论让我明白，我一开始下棋就是出于喜欢，所以终究还是会被吸引。每当听说有高手出现，内心都会产生不服输的心情。这就是新的动力。

在陷入僵局时，要在达到自身极限前做出改变。与问题拉开些距离，客观地审视，从而看到事物未知的一面，这时你会感到情况即将好转。

以他人为师，

学习、借鉴他人的

优点和强项。

第四节

三人行必有我师

为了提升某方面技能，可以和他人进行比较以作参考。但我们不该从整体比较，而是有针对性地比较。因为即使整体上不如自己的人也可能某一方面比较突出，从中可以学到很多。

假如在一次学校考试中，你的各科平均分比朋友高。但从单科成绩看，朋友的理科成绩却比你高。若只看平均分，可能会给你造成错觉，认为自己比朋友学习成绩好。但若着眼于个别科目，结论就未必如此了。要学习别人比自己更擅长的领域，不要只着眼于整体判断，而是有针对性地学习对方，这会有助于我们成长进步。

有人对我说过："你都是世界冠军了，从别的棋手身上也学不到什么了吧"。这是天大的误解。

比如你立下了一个具体目标，想提高自己下"快棋"的技术，那就去跟擅长快棋的棋手比，集中训练自己的短板，或者直接模仿那位棋手。

确实，我在这个领域的综合实力是世界冠军，但像下快棋或者解读特定棋局的能力这类单项技能，我就未必是世界第一了。这就好像马拉松比赛的金牌得主不一定能获得百米赛跑的金牌一样。

以这种视角来与他人比较，你就会发现任何人身上都有值得学习的强项。即使是实力弱于自己的人，依然有可以借鉴的地方。

不论哪种领域，常胜的人一定是乐于以他人为师的人。

冲动的时候要避免

做出重大判断。

第五节

基于感性的判读基本是错的

在我们的社会生活中，最棘手的问题也许莫过于"人际关系"。

工作的人疲于与上司、同事还有客户建立良好的关系，学生因为友情问题心生烦恼。有人因掌握不好与家人、亲戚之间的分寸感而倍感压力，也有人为与恋人的相处疲惫不堪。

然而我们的幸福感大多也是人际关系带来的。为此，我时常觉得人与人的相遇是一种奇迹。

人生有限，能够遇到的人自然同样有限。我们无法选择出生的年代、场所，在重重条件制约以及种种偶然叠加下，才能与一小部分人结下不可思议的缘分。能够相遇已属奇迹了，还能与一些人亲近地交谈、共同度过一段时光，人与人之间真可谓是缘分天注定。

虽然经过多种偶然才能彼此相遇，但也免不了会被身边的人惹恼，这种不愉快的经历导致双方关系变僵。这时，我们就容易变得情绪化，很难做出冷静的判断。

人一旦感情用事，就无法理性思考，情急之下甚至会说出违心的话。即使相遇是奇迹，失去也只是一瞬间的事。

如果发现自己在人际关系上面感情用事，就要努力和人保持距离，切忌在这个时候做任何重大决定，在冲动下做出的判断大多会后悔。

眼前的输赢不代表一切，

获胜有时并不象征胜利。

第六节

发现"获胜"以外的价值

　　在一档电视综艺中，各界大咖汇聚一堂，纷纷讲述自己的趣闻轶事。一名专家说，由于自己过于在意胜负，一不小心，在对手是小朋友的表演赛上也认真起来，实在是没有大人样。虽然听起来像都市传说①，但很有可能是真的。这事儿听上去颇有一名专业棋手不肯服输的意味，所以我完全可以理解。

　　不过我本人却是完全相反的类型。身为一名专业棋手，会把获胜作为目标是理所当然的，但也不是说对任何事情都争强好胜。除了正式比赛，我对胜负之事可以说完全不在乎。

　　如果和首次下棋的人对弈，我会欣然输给对方。故意让比赛难分胜负，最后再把胜利的果实让给对方。这么做是为

---

① 译者注：都市传说，指在都市间被广为流传的故事。如恐怖、诡异、幽默、阴谋等类型。

了让对方感受到获胜的喜悦，进而爱上下棋（话是这么说，但如果现场观众众多，我也得顾及身为世界冠军的体面，可能就得出于"成年人的身不由己"而不得不赢棋……）。

至于我为何不在意以上情况的胜负，那是因为我觉得眼前的输赢不代表一切。如果这场对弈的本质在于"让初学者体会到下棋的乐趣"，那对我而言的胜利就不是赢棋。

作为职业棋手，以获胜为目标认真比赛时，无论如何都是想赢的。可在赛场之外，胜利的意义和目的也会发生变化。

在意眼前的胜负当然很重要。不过有时对于自己来说，获胜是否真正意味着胜利，还需要审慎考虑。

小节精句汇总

01

通过亲自体验，人的看法和感受也许会发生变化，进而获得新发现。给自己定下这种目标并坚持下去，世界将会变得更加开阔。

02

当然，即使是有质量的努力，谁也不能保证就一定能有所回报。可如果朝着正确的方向努力，回报率就能提升。

03

在陷入僵局时，要在达到自身极限前做出改变。与问题拉开些距离，客观地审视，从而看到事物未知的一面，这时你会感到情况即将好转。

04

不论哪种领域，常胜的人一定是乐于以他人为师的人。

05

如果发现自己在人际关系上面感情用事，就要努力和人保持距离，切忌在这个时候做任何重大决定，在冲动下做出的判断大多会后悔。

06

　　在意眼前的胜负当然很重要。不过有时对于自己来说，获胜是否真正意味着胜利，还需要审慎考虑。

我真正开始学十五子棋是在 2003 年读大三的时候。在第二年取得了日本国内的冠军头衔，早早就意识到自己要站上"世界之巅"，但将之定为具体目标是在 2012 年，也就是发现自己患上子宫内膜癌的那年。

两年后，像当初公开宣言的那样，我如期成为世界冠军。现在回过头看，成为世界第一依然是我无可代替的宝贵经历。不仅是因为成功留下了自己存在过的证据，还因为看到了只有站上世界顶峰才能领略的景色，我想每个领域都是如此。

可有所得就有所失——我失去了"站上世界之巅"这一目标。

我第一次抱着夺冠的想法参加世锦赛是在 2013 年，那时我刚好处于接受抗癌药物的治疗阶段。还记得当时全身剧烈疼痛，下棋的手都是麻的，只靠自己甚至无法行走，身体状况差到极点。

也正因如此，当我在第二年如愿夺冠时，前所未有的成

破防：

所有成事的人，不过是向上生长

就感将我包围，想到自己活过的证据被铭刻在历史上，一时无限感慨。但说实话，当时并没有继续向上攀登的想法。连自己能不能活下去都是未知，一切都充满了不确定性。在那之后的一段时间里，我一直靠下棋让自己暂时忘却对于死亡的恐惧。

下棋之于我就像是抗癌路上的避难所，意义重大。可在我2018年再度问鼎世界冠军后，下棋的这层意义就消失了——做完子宫切除手术五年后的春天，癌症复发率几乎降为了零。

一方面自己已经获得世锦赛冠军，一方面又不再需要它作为我的抗癌支柱，今后我该如何面对下棋这件事呢？在快要迷失今后的目标之际，一次偶然的机会，我受邀参加了一档电视节目录制，正是这次邀约使我重获新的动力。这也称得上是一种运气吧。

节目名为"罕见奇人研究所"（朝日电视台），介绍了我作为拥有"罕见"经历的"奇人"克服重病、成为世界冠军的心路历程。预计播出时间刚好在世锦赛2周前。我在录制节目时提到，自己想再次夺得世界冠军。这句发言当然并非只针对下棋本身。

世锦赛在我于电视节目上表示要夺冠仅一个月后举行。当意识到这份机缘的可贵时，我的斗志被再度点燃。

由于节目的影响，观众的关注度有所提高。如果我能在这种情况下再次夺冠，在日本或许也能掀起一阵热潮。

当时我想要普及十五子棋，首先要增加媒体曝光度，让更多的人知道它。这么一想，可能就需要让大家在其他的领域关注我。因为对于那些对下棋毫无兴趣的人来说，光是赢得比赛根本起不到推广的作用。

我一直有一个梦想，就是在日本创设职业联赛。一些年轻人像我一样喜欢下棋，但因为没有职业联赛，没法将棋手当作一份职业，导致他们最终与下棋渐行渐远。想要创设职业联赛是为了他们未来拥有一个可以奔赴的场所。

单靠提高自己的棋艺是很难实现梦想的。对现在的我而言，这比再度成为世界冠军还要困难，也来得更有价值。

身为一名棋手，我自然会以三度夺冠为目标并正在为之精进。但与之同时，我也会向不同的领域发起挑战，不断奋斗。

世界上的书千千万万，感谢您能从中选择这一本。本书介绍了我个人总结的"破防：所有成事的人，不过是向上生长"。我们每个人都有让自己心跳加速、为之着迷的事，而许许多多的宝物就沉睡在其中。当这些宝物被发现之时，你也许就开启了好运加速器。

Good luck（祝你好运）！